Akanksha Upadhyaya

IA e sociedade: Moldar o futuro

Akanksha Upadhyaya

IA e sociedade: Moldar o futuro

ScienciaScripts

Imprint
Any brand names and product names mentioned in this book are subject to trademark, brand or patent protection and are trademarks or registered trademarks of their respective holders. The use of brand names, product names, common names, trade names, product descriptions etc. even without a particular marking in this work is in no way to be construed to mean that such names may be regarded as unrestricted in respect of trademark and brand protection legislation and could thus be used by anyone.

Cover image: www.ingimage.com

This book is a translation from the original published under ISBN 978-620-7-65407-9.

Publisher:
Sciencia Scripts
is a trademark of
Dodo Books Indian Ocean Ltd. and OmniScriptum S.R.L publishing group

120 High Road, East Finchley, London, N2 9ED, United Kingdom
Str. Armeneasca 28/1, office 1, Chisinau MD-2012, Republic of Moldova, Europe
Printed at: see last page
ISBN: 978-620-7-75880-7

IA e sociedade: Moldar o futuro

Por

Dr. Akanksha Upadhyaya

RDIAS, Rohini, Nova Deli, Índia

PREFÁCIO

IA e Sociedade: Shaping the Future embarca numa exploração do poder transformador da Inteligência Artificial (IA) e do seu profundo impacto no nosso mundo. À medida que nos encontramos no limiar de uma era definida pela inovação tecnológica, é essencial compreender como a IA está a remodelar todos os aspectos das nossas vidas, desde a forma como trabalhamos e aprendemos até à forma como interagimos e tomamos decisões. O percurso da IA começou há décadas com o trabalho pioneiro de visionários como Alan Turing, cujas ideias inovadoras lançaram as bases para os sistemas inteligentes que vemos atualmente. Desde estes humildes começos, a IA evoluiu para um domínio multifacetado, impulsionando avanços na aprendizagem automática, redes neuronais, processamento de linguagem natural e robótica. Este livro tem como objetivo fornecer uma panorâmica abrangente destes desenvolvimentos, traçando a evolução da IA desde o seu início até ao seu estado atual e mais além. O livro aprofunda os conceitos e terminologias fundamentais que constituem a base da IA, oferecendo aos leitores uma compreensão clara das tecnologias e metodologias que sustentam este domínio dinâmico. Também examinamos o estado atual da IA, destacando as suas aplicações em vários sectores e o seu significado na sociedade contemporânea. A influência da IA vai muito além da inovação tecnológica; tornou-se um catalisador da mudança social, do crescimento económico e dos debates éticos. Este livro explora estas dimensões, discutindo as implicações da automatização impulsionada pela IA no emprego, as novas oportunidades de emprego que cria e os benefícios e desafios económicos da integração da IA.

Dr. Akanksha Upadhyaya

CONTEÚDO

CAPÍTULO 1

Introdução à Inteligência Artificial

Jyoti Kataria

Escola de Engenharia e Tecnologia

K. R. Mangalam University, Gurugram, Haryana, Índia

Gaurav Kansal

Escola de Engenharia

ABES(IT), Ghaziabad, Uttar Pradesh, Índia

Introdução

A Inteligência Artificial (IA) refere-se à simulação da inteligência humana em máquinas que são programadas para pensar e aprender como os seres humanos. Estas máquinas inteligentes são concebidas para executar tarefas que normalmente requerem a cognição humana, como a perceção visual, o reconhecimento da fala, a tomada de decisões e a tradução de línguas. Os sistemas de IA funcionam através de algoritmos que processam a informação, reconhecem padrões e tomam decisões com base nos dados que recebem.

O principal objetivo da IA é criar tecnologia capaz de executar tarefas que, quando realizadas por seres humanos, requerem inteligência. Isto inclui uma vasta gama de capacidades, desde jogar xadrez a conduzir automóveis, diagnosticar doenças e até compor música. A IA pode ser classificada em IA restrita (ou IA fraca), que é concebida para tarefas específicas, e IA geral (ou IA forte), que possui a capacidade de realizar qualquer tarefa intelectual que um ser humano possa fazer.

Breve história da IA

O conceito de IA faz parte do imaginário humano há séculos, com mitos, histórias e especulações sobre seres artificiais dotados de inteligência ou consciência. No entanto, o estudo e o desenvolvimento formais da IA começaram em meados do século XX.

Início da atividade: Anos 1940-1950

Os alicerces da IA moderna foram lançados durante e após a Segunda Guerra Mundial, com pioneiros como Alan Turing e John von Neumann. O artigo seminal de Alan Turing de 1950, "Computing Machinery and Intelligence", introduziu a ideia da capacidade de uma máquina apresentar um comportamento inteligente equivalente ou indistinguível do de um ser humano. Turing propôs o Teste de Turing como uma medida da inteligência das máquinas, em que o sucesso de uma máquina no teste se basearia na sua capacidade de produzir respostas semelhantes às humanas numa conversa.

Na década de 1950, o termo "inteligência artificial" foi cunhado por John McCarthy, que organizou a Conferência de Dartmouth em 1956. Esta conferência é amplamente considerada como o nascimento da IA como área de estudo. Investigadores como Marvin Minsky, Allen Newell e Herbert A. Simon deram contributos significativos, desenvolvendo os primeiros programas de IA capazes de resolver problemas e provar teoremas matemáticos.

Os anos dourados: Década de 1960-1970

As décadas de 1960 e 1970 foram caracterizadas por avanços substanciais na investigação sobre IA. Durante este período, o otimismo em relação ao potencial da IA era elevado. Os investigadores desenvolveram programas capazes de compreender a linguagem, reconhecer padrões e até jogar jogos como o xadrez. Entre os projectos mais notáveis contam-se o ELIZA, um dos primeiros programas informáticos de processamento de linguagem natural criado por Joseph Weizenbaum, e o General Problem Solver (GPS), desenvolvido por Newell e Simon, que tinha como objetivo resolver qualquer problema que pudesse ser definido em termos formais.

No entanto, as limitações da IA depressa se tornaram evidentes. Os primeiros sistemas de IA tinham dificuldades com tarefas complexas e a sua falta de aplicações práticas levou a uma redução do financiamento e do interesse, um período conhecido como o "inverno da IA".

Renascimento e crescimento: década de 1980-1990

Nos anos 80, assistiu-se a um ressurgimento do interesse pela IA, impulsionado pelo desenvolvimento de sistemas especializados. Estes sistemas, que utilizavam conhecimentos e regras de inferência para resolver problemas específicos, encontraram aplicações em domínios como a medicina e as finanças. O projeto de sistemas informáticos de quinta geração do governo japonês também estimulou a investigação em IA a nível mundial.

Na década de 1990, a IA registou progressos significativos com o advento de computadores mais potentes e o desenvolvimento de algoritmos de aprendizagem automática. O Deep Blue da IBM, um computador que joga xadrez, derrotou o campeão mundial Garry Kasparov em 1997, demonstrando o potencial da IA no raciocínio estratégico.

A Era Moderna: Anos 2000 - Presente

O século XXI assistiu a uma transformação dramática na IA, impulsionada pelos avanços na capacidade de computação, pela disponibilidade de grandes conjuntos de dados e pelos avanços na aprendizagem automática, nomeadamente na aprendizagem profunda. As tecnologias de IA tornaram-se parte integrante de várias aplicações, desde motores de pesquisa e sistemas de recomendação a veículos autónomos e diagnósticos médicos.

Os principais marcos incluem a vitória do AlphaGo da Google sobre o campeão mundial de Go, Lee Sedol, em 2016, demonstrando o poder da aprendizagem por reforço profundo, e o desenvolvimento de modelos de IA como o GPT-3 da OpenAI, que pode gerar texto semelhante ao humano e realizar uma vasta gama de tarefas linguísticas.

Atualmente, a IA é um domínio em rápida evolução com implicações de grande alcance para a sociedade. Engloba vários subdomínios, incluindo a robótica, a visão por computador, o processamento de linguagem natural, entre outros. Os investigadores e profissionais continuam a alargar os limites do que a IA pode alcançar, explorando o seu potencial para resolver problemas complexos e melhorar as capacidades humanas.

O percurso da IA desde as suas raízes conceptuais até ao seu estado atual é marcado por períodos de intenso otimismo, realizações significativas e desafios. À medida que a IA continua a avançar, o seu impacto na sociedade aumenta, levantando questões importantes sobre ética, governação e o futuro da interação homem-IA. Compreender a história e os conceitos fundamentais da IA é crucial para navegar no seu desenvolvimento e abordar as oportunidades e desafios que apresenta.

Conceitos-chave e terminologias

Conceitos-chave em Inteligência Artificial

A Inteligência Artificial (IA) é um domínio vasto e complexo que engloba numerosos conceitos e terminologias. Compreender estes elementos fundamentais é essencial para qualquer pessoa interessada no estudo ou na aplicação da IA. Aqui, exploramos alguns dos principais conceitos e terminologias que constituem a base da IA.

Aprendizagem automática

A aprendizagem automática é um subconjunto da IA que se centra no desenvolvimento de algoritmos que permitem aos computadores aprender e fazer previsões ou tomar decisões com base em dados. Envolve o treino de modelos utilizando grandes conjuntos de dados, permitindo que o sistema melhore o seu desempenho ao longo do tempo sem ser explicitamente programado para cada tarefa. A aprendizagem automática divide-se em três tipos principais:

Aprendizagem supervisionada: Na aprendizagem supervisionada, o modelo é treinado num conjunto de dados rotulados, em que cada exemplo de treino é emparelhado com um rótulo de saída. O objetivo é que o modelo aprenda a relação entre entradas e saídas para fazer previsões precisas sobre dados novos e não vistos. Os algoritmos mais comuns incluem a regressão linear, as árvores de decisão e as máquinas de vectores de suporte.

Aprendizagem não supervisionada: A aprendizagem não supervisionada envolve o treino de um modelo em dados sem respostas rotuladas. O objetivo é identificar padrões ou estruturas ocultas nos dados. Os algoritmos de agrupamento, como o k-means e o agrupamento hierárquico, e as técnicas de redução da dimensionalidade, como a análise de componentes principais (PCA), são exemplos típicos.

Aprendizagem por reforço: A aprendizagem por reforço centra-se no treino de agentes para tomarem uma sequência de decisões através da interação com um ambiente. O agente recebe recompensas ou penalizações com base nas suas acções e aprende a maximizar as recompensas acumuladas ao longo do tempo. Esta abordagem é frequentemente utilizada em robótica, jogos e sistemas autónomos.

Aprendizagem profunda

A aprendizagem profunda é um subconjunto especializado da aprendizagem automática que utiliza redes neuronais com muitas camadas (daí o termo "profunda"). Estas redes neuronais profundas são particularmente eficazes no tratamento de conjuntos de dados grandes e complexos, o que as torna adequadas para tarefas como o reconhecimento de imagens e de voz, o processamento de linguagem natural e muito mais. Os principais componentes da aprendizagem profunda incluem:

Redes Neuronais: São modelos computacionais inspirados no cérebro humano, constituídos por camadas de nós interligados (neurónios). Cada neurónio processa os dados de entrada e passa o resultado para a camada seguinte. As redes neuronais profundas têm várias camadas ocultas entre as camadas de entrada e de saída, o que lhes permite modelar padrões complexos.

Redes neurais convolucionais (CNNs): As CNNs são redes neurais especializadas concebidas para processar dados de grelha estruturados, como imagens. Utilizam camadas convolucionais para aprender automaticamente e de forma adaptativa hierarquias espaciais de características, o que as torna altamente eficazes para a análise de imagens e vídeos.

Redes Neuronais Recorrentes (RNNs): As RNNs são concebidas para dados sequenciais e podem manter informações sobre entradas anteriores através do seu estado interno. Este facto torna-as adequadas para tarefas como a previsão de séries temporais e o processamento de linguagem natural. As redes LSTM (Long Short-Term Memory) e as GRUs (Gated Recurrent Units) são tipos avançados de RNNs que abordam questões de dependência a longo prazo e de gradientes de desaparecimento.

Processamento de linguagem natural (PNL)

O Processamento de Linguagem Natural (PNL) é um domínio da IA centrado na capacidade de as máquinas compreenderem, interpretarem e gerarem linguagem humana. Combina a linguística e a informática para criar sistemas capazes de processar a linguagem natural de forma significativa. As principais tarefas de PNL incluem:

Classificação de texto: Atribuição de categorias predefinidas ao texto, como a deteção de spam em mensagens de correio eletrónico ou a análise de sentimentos de publicações nas redes sociais.

Reconhecimento de entidades nomeadas (NER): Identificar e classificar entidades em texto, como nomes de pessoas, organizações, locais e datas.

Tradução automática: Tradução automática de texto de uma língua para outra, como se vê em ferramentas como o Google Translate.

Reconhecimento de voz: Conversão de linguagem falada em texto, permitindo sistemas e aplicações activados por voz, como assistentes virtuais.

Visão computacional

A visão por computador é um domínio da IA que se centra na capacidade de as máquinas interpretarem e compreenderem a informação visual do mundo. Envolve o desenvolvimento de algoritmos e modelos que podem processar e analisar imagens e vídeos. As principais aplicações da visão computacional incluem:

Classificação de imagens: Categorização de imagens em classes predefinidas, como a identificação de objectos numa fotografia.

Deteção de objectos: Localização e identificação de objectos numa imagem, útil em aplicações como carros autónomos e vigilância.

Segmentação de imagens: Divisão de uma imagem em segmentos ou regiões para simplificar a análise, frequentemente utilizada na imagiologia médica e na compreensão de cenas.

Terminologias-chave em Inteligência Artificial

Compreender a IA também requer familiaridade com terminologias específicas que descrevem os seus componentes, processos e técnicas. Eis algumas terminologias essenciais da IA:

Algoritmo: Um procedimento ou fórmula passo a passo para resolver um problema ou efetuar uma tarefa. Na IA, os algoritmos são utilizados para processar dados e tomar decisões.

Modelo: Uma representação matemática de um processo do mundo real. Na aprendizagem automática, os modelos são treinados com base em dados para efetuar previsões ou classificações.

Formação: O processo de ensino de um modelo de IA, expondo-o a grandes quantidades de dados e ajustando os seus parâmetros para minimizar os erros.

Inferência: A fase em que um modelo de IA treinado faz previsões ou toma decisões com base em dados novos e não vistos.

Sobreajuste: Uma situação em que um modelo aprende demasiado bem os dados de treino, incluindo ruído e valores atípicos, levando a uma fraca generalização em novos dados.

Subadaptação: Quando um modelo é demasiado simples para captar os padrões subjacentes nos dados, resultando num fraco desempenho tanto nos dados de treino como nos novos dados.

Característica: Uma propriedade ou caraterística individual mensurável utilizada como entrada para um modelo de IA. No processamento de imagens, os elementos podem incluir arestas ou texturas.

Função de perda: Uma função matemática que mede a diferença entre a saída prevista de um modelo e o valor-alvo real. Orienta o processo de otimização durante a formação.

O domínio da IA assenta numa base de diversos conceitos e terminologias que, em conjunto, permitem que as máquinas executem tarefas que exigem uma inteligência semelhante à humana. Desde a aprendizagem automática e a aprendizagem profunda ao processamento de linguagem natural e à visão por computador, cada componente desempenha um papel crucial no avanço da tecnologia de IA. Compreender estes conceitos e terminologias fundamentais é essencial para navegar na paisagem em rápida evolução da IA e aproveitar o seu potencial para resolver problemas complexos e melhorar a vida humana.

Evolução da IA: de Turing à IA moderna

As primeiras bases conceptuais

A evolução da Inteligência Artificial (IA) remonta a debates filosóficos e às primeiras invenções mecânicas que antecederam a computação moderna. A ideia de seres artificiais com inteligência semelhante à humana tem sido um tema recorrente na mitologia, literatura e filosofia durante séculos. No entanto, foi no século XX que estas ideias começaram a tomar forma concreta.

Alan Turing e o nascimento da IA

Alan Turing, um matemático e lógico britânico, é frequentemente considerado um dos pais da IA. Em 1950, Turing publicou um artigo de referência intitulado "Computing Machinery and Intelligence", no qual colocava a questão: "Podem as máquinas pensar?". Propôs o Teste de Turing, um método para avaliar a capacidade de uma máquina apresentar um comportamento inteligente indistinguível do de um ser humano. Este teste tornou-se um conceito fundamental na investigação em IA, sublinhando o potencial das máquinas para imitarem a inteligência humana.

O trabalho de Turing durante a Segunda Guerra Mundial na decifração do código Enigma demonstrou o potencial das máquinas para efectuarem tarefas complexas e semelhantes às humanas. Os seus contributos teóricos lançaram as bases para a futura investigação em IA, estabelecendo a possibilidade de criar máquinas inteligentes.

A Conferência de Dartmouth e o nascimento da investigação em IA

O nascimento formal da IA como área de estudo é frequentemente atribuído à Conferência de Dartmouth, realizada em 1956. Organizada por John McCarthy, Marvin Minsky, Nathaniel Rochester e Claude Shannon, esta conferência reuniu investigadores interessados na possibilidade de simular a inteligência humana com máquinas. O termo "inteligência artificial" foi cunhado durante esta conferência, marcando o início da IA como disciplina académica.

Durante os primeiros anos, os investigadores estavam optimistas quanto ao rápido desenvolvimento da IA. Concentraram-se no desenvolvimento de algoritmos e programas capazes de realizar tarefas como jogar xadrez, provar teoremas matemáticos e compreender a linguagem natural. Os primeiros sucessos incluíram o Logic Theorist, desenvolvido por Allen Newell e Herbert A. Simon, que podia provar certos teoremas matemáticos, e o ELIZA, um programa de processamento de linguagem natural criado por Joseph Weizenbaum.

O primeiro inverno da IA

Apesar dos sucessos iniciais, a investigação em IA enfrentou desafios significativos na década de 1970. O otimismo inicial deu lugar a um período conhecido como o "inverno da IA", caracterizado pela redução do financiamento e do interesse. Os primeiros sistemas de IA debatiam-se com tarefas complexas e as suas limitações tornaram-se evidentes. Os objectivos ambiciosos definidos pelos investigadores revelaram-se difíceis de alcançar com a tecnologia disponível na altura.

Um dos principais obstáculos era a falta de capacidade computacional e de memória necessárias para processar grandes quantidades de dados. Além disso, os primeiros sistemas de IA eram frequentemente frágeis, não conseguindo ter um bom desempenho fora de tarefas estritamente definidas. Estes desafios levaram ao ceticismo quanto à viabilidade de alcançar uma inteligência de nível humano nas máquinas, o que resultou numa diminuição do apoio à investigação em IA.

O renascimento e a ascensão dos sistemas periciais

A IA ressurgiu na década de 1980 com o desenvolvimento de sistemas especializados. Estes sistemas utilizavam conhecimentos e regras de inferência para resolver problemas específicos, emulando as capacidades de tomada de decisão dos peritos humanos. Os sistemas periciais encontraram aplicações em domínios como a medicina, as finanças e a engenharia, fornecendo informações e recomendações valiosas.

O projeto de sistemas informáticos de quinta geração do governo japonês também desempenhou um papel importante na revitalização da investigação em IA. Esta iniciativa ambiciosa tinha como objetivo criar computadores que pudessem realizar processamento paralelo e lidar com bases de conhecimento em grande escala. Embora o projeto não tenha atingido plenamente os seus objectivos, estimulou a investigação e o desenvolvimento da IA a nível mundial.

O surgimento da aprendizagem automática

A década de 1990 marcou uma mudança significativa na investigação em IA com o aparecimento da aprendizagem automática. Em vez de se basearem apenas em sistemas baseados em regras, os investigadores começaram a desenvolver algoritmos capazes de aprender com os dados. Esta mudança de paradigma foi impulsionada pelos avanços na capacidade de computação, pela disponibilidade de grandes conjuntos de dados e por algoritmos melhorados.

Os principais marcos durante este período incluíram o desenvolvimento de máquinas de vectores de suporte, árvores de decisão e redes neuronais. As redes neuronais, inspiradas na estrutura do cérebro humano, ganharam destaque devido à sua capacidade de modelar padrões complexos nos dados. O conceito de retropropagação, que permite às redes neuronais ajustar os seus pesos com base nos erros, foi um avanço crucial.

O advento da aprendizagem profunda

O século XXI assistiu a avanços transformadores na IA, principalmente devido ao aparecimento da aprendizagem profunda. A aprendizagem profunda envolve o treino de redes neuronais com muitas camadas (daí o termo "profunda") para processar e aprender com grandes quantidades de dados. Estas redes neuronais profundas demonstraram capacidades notáveis em tarefas como o reconhecimento de imagens e de voz, o processamento de linguagem natural e o jogo.

Em 2012, ocorreu um grande avanço quando uma rede neural convolucional profunda (CNN) desenvolvida pela equipa de Geoffrey Hinton atingiu uma precisão sem precedentes no concurso ImageNet, uma referência para a classificação de imagens. Este sucesso despertou um interesse generalizado pela aprendizagem profunda e levou à sua rápida adoção em vários sectores.

Marcos significativos na IA moderna

Vários marcos importantes definiram a era moderna da IA:

Watson da IBM: Em 2011, o Watson da IBM, um sistema de IA para responder a perguntas, derrotou os campeões humanos no programa de perguntas e respostas Jeopardy!, demonstrando o potencial da IA na compreensão da linguagem natural e na recuperação de conhecimentos.

AlphaGo da Google: Em 2016, a DeepMind da Google desenvolveu o AlphaGo, um programa de IA que derrotou o campeão mundial de Go, Lee Sedol. Este feito demonstrou o poder da aprendizagem por reforço profundo, uma técnica que combina a aprendizagem profunda com a aprendizagem por reforço.

GPT-3 da OpenAI: Em 2020, a OpenAI lançou o GPT-3, um modelo de linguagem de última geração capaz de gerar texto semelhante ao humano com base num determinado pedido. A capacidade do GPT-3 para realizar várias tarefas linguísticas, desde a tradução à sumarização, realçou os avanços no processamento de linguagem natural.

O estado atual e o futuro da IA

Atualmente, a IA está profundamente integrada em numerosos aspectos da vida quotidiana, desde assistentes virtuais e sistemas de recomendação a veículos autónomos e diagnósticos médicos. O desenvolvimento contínuo das tecnologias de IA promete revolucionar as indústrias, melhorar a eficiência e enfrentar desafios globais complexos.

Olhando para o futuro, os investigadores estão a explorar o potencial da IA geral, que visa criar máquinas com capacidades cognitivas semelhantes às humanas em diversas tarefas. As considerações éticas, incluindo preconceitos, privacidade e o impacto social da IA, estão também a ganhar importância à medida que a IA continua a evoluir.

A evolução da IA, desde os fundamentos teóricos de Turing até aos sistemas sofisticados de hoje, tem sido marcada por períodos de rápidos avanços, desafios e otimismo renovado. O campo continua a alargar os limites do possível, impulsionado por inovações na aprendizagem automática, na aprendizagem profunda e noutras técnicas de IA. À medida que a tecnologia da IA progride, o seu impacto na sociedade não pára de crescer, apresentando oportunidades e desafios que exigem uma análise cuidadosa e um desenvolvimento responsável.

Estado atual da tecnologia de IA

Panorâmica das tecnologias de IA

O domínio da Inteligência Artificial (IA) avançou rapidamente nas últimas décadas, dando origem a um conjunto diversificado de tecnologias que estão a transformar as indústrias e a vida quotidiana. Esta secção explora o estado atual da tecnologia de IA, destacando os principais avanços e aplicações que ilustram o seu profundo impacto na sociedade.

Aprendizagem automática e aprendizagem profunda

A aprendizagem automática (AM) continua a ser uma pedra angular da IA, permitindo que os computadores aprendam com os dados e tomem decisões. No âmbito da aprendizagem automática, a aprendizagem profunda surgiu como um subconjunto particularmente influente. A aprendizagem profunda envolve redes neuronais com várias camadas que podem aprender automaticamente representações a partir de grandes conjuntos de dados, destacando-se em tarefas como o reconhecimento de imagens e de voz.

Redes Neuronais Convolucionais (CNNs): As CNNs são amplamente utilizadas para tarefas relacionadas com imagens. Revolucionaram a visão por computador, alimentando aplicações como o reconhecimento facial, a análise de imagens médicas e a condução autónoma.

Redes Neuronais Recorrentes (RNNs): As RNNs são concebidas para dados sequenciais, o que as torna ideais para tarefas que envolvem séries temporais e processamento de linguagem natural (PNL). Variantes como as redes de memória de curto prazo longa (LSTM) abordam questões relacionadas com dependências de longo prazo nos dados.

Processamento de linguagem natural (PNL)

A PNL tem como objetivo permitir que as máquinas compreendam, interpretem e gerem linguagem humana. Os recentes avanços na PNL conduziram a melhorias significativas nos modelos linguísticos e nas suas aplicações.

Modelos de transformadores: Introduzidos por Vaswani et al. em 2017, os transformadores tornaram-se a base dos modelos de PNL mais avançados. Utilizam mecanismos de auto-atenção para processar e gerar linguagem, conduzindo a avanços na tradução automática, geração de texto e análise de sentimentos.

GPT-3: Desenvolvido pela OpenAI, o GPT-3 é um modelo linguístico em grande escala capaz de gerar textos coerentes e contextualmente relevantes com base em instruções dadas. Demonstrou um desempenho impressionante numa vasta gama de tarefas linguísticas, realçando o potencial das tecnologias avançadas de PNL.

Visão computacional

A visão por computador permite que as máquinas interpretem e compreendam a informação visual do mundo. Os avanços recentes aumentaram significativamente a precisão e a eficiência dos sistemas de visão por computador.

Classificação de imagens e deteção de objectos: Técnicas como as CNN alcançaram um sucesso notável na identificação e classificação de objectos em imagens. As aplicações vão desde veículos autónomos a sistemas de segurança e análise de retalho.

Segmentação de imagens: Os algoritmos avançados podem segmentar imagens em regiões distintas, facilitando a análise detalhada em domínios como a imagiologia médica e a monitorização ambiental.

Aprendizagem por reforço

A aprendizagem por reforço (RL) centra-se no treino de agentes para tomarem decisões sequenciais através da interação com o seu ambiente. A aprendizagem por reforço obteve êxitos notáveis em domínios como os jogos e a robótica.

AlphaGo e AlphaZero: Desenvolvido pela DeepMind, o AlphaGo fez manchetes ao derrotar campeões humanos no jogo de Go. O AlphaZero, uma versão melhorada, dominou vários jogos (Go, xadrez e shogi) através de auto-jogo, demonstrando o potencial da RL para alcançar um desempenho sobre-humano.

Controlo robótico: A RL é utilizada para treinar robots para executar tarefas que vão desde manipulações simples a movimentos complexos. Tem aplicações nos sectores da indústria transformadora, dos cuidados de saúde e dos serviços.

Desafios e considerações éticas

Apesar dos seus avanços, a tecnologia de IA enfrenta vários desafios e considerações éticas que têm de ser abordados para garantir um desenvolvimento e uma implantação responsáveis.

Preconceito e equidade: Os sistemas de IA podem, inadvertidamente, perpetuar preconceitos presentes nos dados de treino, conduzindo a resultados injustos. Garantir a equidade e atenuar os preconceitos nos algoritmos de IA é crucial para aplicações equitativas.

Privacidade e segurança: A utilização da IA no tratamento de grandes quantidades de dados pessoais suscita preocupações quanto à privacidade e à segurança dos dados. São necessárias medidas robustas para proteger as informações sensíveis e impedir a sua utilização abusiva.

Transparência e responsabilidade: Os processos de tomada de decisão da IA são muitas vezes opacos, tornando difícil compreender como se chega a determinados resultados. O aumento da transparência e o estabelecimento de mecanismos de responsabilização são essenciais para a confiança e a fiabilidade.

Importância da IA na sociedade contemporânea

Impacto transformador em vários sectores

A Inteligência Artificial (IA) está a tornar-se cada vez mais uma tecnologia fulcral na sociedade contemporânea, influenciando uma vasta gama de sectores e melhorando a eficiência, a precisão e as capacidades de inúmeras aplicações. O seu impacto transformador estende-se a vários domínios, tornando-a uma componente essencial da vida moderna.

Cuidados de saúde

O papel da IA nos cuidados de saúde está a revolucionar a forma como os serviços médicos são prestados e geridos. As ferramentas e aplicações baseadas em IA aumentam a precisão do diagnóstico, personalizam os planos de tratamento e melhoram os resultados dos pacientes.

Imagiologia médica: Os algoritmos de IA analisam imagens médicas com uma precisão notável, identificando doenças como o cancro, perturbações neurológicas e doenças cardiovasculares. Por exemplo, os sistemas de IA podem detetar sinais precoces de tumores em radiografias e ressonâncias magnéticas, permitindo uma intervenção atempada.

Medicina personalizada: A IA analisa os dados dos pacientes, incluindo informações genéticas, para adaptar os tratamentos às necessidades individuais. Esta abordagem aumenta a eficácia das terapias e reduz os efeitos adversos, conduzindo a melhores cuidados para os doentes.

Análise preditiva: Os modelos de IA prevêem surtos de doenças, deterioração dos doentes e taxas de readmissão hospitalar. Isto ajuda os prestadores de cuidados de saúde a afetar recursos de forma eficiente e a implementar medidas preventivas.

Educação

A IA está a transformar a educação, proporcionando experiências de aprendizagem personalizadas, melhorando a eficiência administrativa e aumentando o acesso a uma educação de qualidade.

Aprendizagem adaptativa: As plataformas baseadas em IA adaptam-se aos estilos e ritmos de aprendizagem individuais, oferecendo conteúdo e feedback personalizados. Isto ajuda os alunos a compreender conceitos complexos de forma mais eficaz e mantém-nos envolvidos.

Automatização administrativa: A IA simplifica as tarefas administrativas, como a classificação, a calendarização e a gestão de recursos, permitindo que os educadores se concentrem mais no ensino e na interação com os alunos.

Acessibilidade: As ferramentas de IA, como a conversão de voz em texto e a tradução de línguas, tornam os conteúdos educativos acessíveis aos alunos com deficiência e aos alunos de diferentes origens linguísticas.

Comércio e indústria

No mundo empresarial, a IA está a impulsionar a inovação, a otimizar as operações e a melhorar os processos de tomada de decisão.

Serviço ao cliente: Os chatbots e assistentes virtuais alimentados por IA fornecem suporte instantâneo ao cliente, melhorando os tempos de resposta e a satisfação do cliente. Estes sistemas podem lidar com uma vasta gama de questões e oferecer recomendações personalizadas.

Gestão da cadeia de abastecimento: A IA optimiza as operações da cadeia de abastecimento, prevendo a procura, gerindo o inventário e identificando potenciais perturbações. Isto conduz a poupanças de custos e a uma logística mais eficiente.

Tomada de decisões com base em dados: As empresas tiram partido da análise da IA para obter informações de grandes conjuntos de dados, identificar tendências e tomar decisões estratégicas informadas. Isto aumenta a competitividade e promove a inovação.

Transporte

A IA está a transformar o sector dos transportes, melhorando a segurança, a eficiência e a conveniência.

Veículos autónomos: Os veículos autónomos utilizam a IA para navegar, reconhecer obstáculos e tomar decisões em tempo real. Estes veículos têm o potencial de reduzir os acidentes causados por erro humano e melhorar o fluxo de tráfego.

Gestão do tráfego: Os sistemas de IA analisam os padrões de tráfego e optimizam os tempos de sinalização, reduzindo o congestionamento e melhorando os tempos de viagem. Isto conduz a redes de transportes urbanos mais eficientes.

Logística: A IA optimiza o planeamento de rotas e os calendários de entrega, aumentando a eficiência da logística e reduzindo os custos operacionais das empresas de transportes.

Finanças

O sector financeiro beneficia da IA através de uma melhor gestão do risco, deteção de fraudes e serviço ao cliente.

Avaliação do risco: Os modelos de IA analisam dados financeiros para avaliar o risco de crédito, detetar anomalias e prever tendências de mercado. Isto ajuda as instituições financeiras a tomar melhores decisões de empréstimo e investimento.

Deteção de fraudes: Os algoritmos de IA identificam actividades e transacções suspeitas, prevenindo a fraude e melhorando a segurança. Os modelos de aprendizagem automática podem detetar padrões indicativos de comportamento fraudulento em tempo real.

Entretenimento e Media

A IA está a remodelar as indústrias do entretenimento e dos media, melhorando a criação, a personalização e a distribuição de conteúdos.

Recomendação de conteúdos: Serviços de streaming como o Netflix e o Spotify utilizam a IA para recomendar conteúdos com base nas preferências e no comportamento dos utilizadores. Isto aumenta o envolvimento e a satisfação do utilizador.

Criação de conteúdos: As ferramentas de IA ajudam a criar música, arte e até artigos noticiosos. Por exemplo, os algoritmos de IA podem compor faixas de música ou criar arte visual, expandindo as possibilidades criativas.

Deepfakes e efeitos digitais: A IA permite a criação de efeitos digitais realistas e deepfakes, transformando o cinema e a produção de meios visuais.

Considerações éticas e sociais

Embora a IA ofereça numerosos benefícios, levanta também importantes considerações éticas e societais que têm de ser abordadas para garantir o seu desenvolvimento e implantação responsáveis.

Preconceito e equidade: Os sistemas de IA podem perpetuar e amplificar os preconceitos existentes nos dados de treino, conduzindo a resultados injustos. Garantir a justiça e a equidade nas aplicações de IA é crucial para evitar a discriminação e o enviesamento.

Privacidade: A utilização da IA implica o tratamento de grandes quantidades de dados pessoais, o que suscita preocupações quanto à privacidade e à segurança dos dados. São necessárias medidas sólidas para proteger os direitos de privacidade das pessoas e evitar a utilização abusiva dos dados.

Impacto no emprego: A automatização de tarefas através da IA pode levar à deslocação de empregos e a alterações no mercado de trabalho. É essencial considerar estratégias para a requalificação da força de trabalho e abordar os impactos socioeconómicos da IA.

CAPÍTULO 2

Os fundamentos da tecnologia de IA

Jyoti Kataria

Escola de Engenharia e Tecnologia

K. R. Mangalam University, Gurugram, Haryana, Índia

Deepak Singh

Departamento de Engenharia e Tecnologia

ABES(IT), Ghaziabad, Uttar Pradesh, Índia

Introdução

A aprendizagem automática (ML) e a aprendizagem profunda (DL) são dois domínios inter-relacionados da inteligência artificial (IA) que revolucionaram a forma como os computadores aprendem e tomam decisões com base nos dados. Estas tecnologias são agora parte integrante de inúmeras aplicações em vários sectores, incluindo cuidados de saúde, finanças, entretenimento e muito mais.

Aprendizagem automática: Uma visão geral

A aprendizagem automática é um subconjunto da IA que se centra no desenvolvimento de algoritmos que permitem aos computadores aprender e fazer previsões com base em dados. Ao contrário da programação tradicional, em que são dadas instruções explícitas, os algoritmos de aprendizagem automática identificam padrões e tomam decisões com um mínimo de intervenção humana.

Tipos de aprendizagem automática

Aprendizagem supervisionada: Na aprendizagem supervisionada, o algoritmo é treinado num conjunto de dados rotulados, o que significa que cada exemplo de treino é emparelhado com um rótulo de saída. O objetivo é aprender um mapeamento das entradas para as saídas, permitindo ao modelo prever a saída para dados novos e não vistos. Os algoritmos mais comuns incluem a regressão linear, as árvores de decisão e as máquinas de vectores de suporte.

Aprendizagem não supervisionada: Este tipo de aprendizagem lida com dados não rotulados. O algoritmo tenta identificar padrões ou estruturas intrínsecas nos dados de entrada. Os algoritmos de agrupamento (como o K-means) e as técnicas de redução da dimensionalidade (como o PCA) são exemplos típicos de métodos de aprendizagem não supervisionada.

Aprendizagem por reforço: Aqui, um agente aprende a tomar decisões através de acções num ambiente para maximizar uma certa noção de recompensa cumulativa. É amplamente utilizado em robótica, jogos e outros cenários em que a tomada de decisões é sequencial.

Conceitos-chave na aprendizagem automática

Treino e teste: O conjunto de dados é normalmente dividido em conjuntos de treino e de teste. O conjunto de treino é utilizado para treinar o modelo, enquanto o conjunto de teste é utilizado para avaliar o seu desempenho.

Sobreajuste e subajuste: O sobreajuste ocorre quando um modelo aprende demasiado bem os dados de treino, captando o ruído juntamente com o padrão subjacente, o que leva a uma fraca generalização a novos dados. A subadaptação ocorre quando um modelo é demasiado simples para captar a tendência subjacente nos dados.

Validação cruzada: Esta técnica envolve a divisão do conjunto de dados em várias dobras e o treino do modelo várias vezes para garantir que este generaliza bem para dados não vistos.

Aprendizagem profunda: Uma abordagem avançada

A aprendizagem profunda é um ramo especializado da aprendizagem automática que utiliza redes neuronais com muitas camadas (daí o termo "profunda") para aprender representações a partir de grandes quantidades de dados. Atingiu um desempenho de ponta em tarefas como o reconhecimento de imagem e de voz, o processamento de linguagem natural e o jogo.

Redes Neuronais

No centro da aprendizagem profunda estão as redes neuronais artificiais, que se inspiram na estrutura e função do cérebro humano. Uma rede neural básica é constituída por uma camada de entrada, uma ou mais camadas ocultas e uma camada de saída. Cada camada contém unidades denominadas neurónios, que estão ligadas aos neurónios da camada seguinte através de pesos que são ajustados durante o treino.

Tipos de redes neurais

Redes neurais feedforward (FNNs): São o tipo mais simples de rede neural, em que a informação se move numa única direção - da entrada para a saída. Normalmente, são utilizadas em tarefas como classificação e regressão de imagens.

Redes Neuronais Convolucionais (CNNs): As CNN foram concebidas para processar dados de grelha estruturados, como imagens. Utilizam camadas convolucionais que aplicam filtros aos dados de entrada, captando hierarquias espaciais. As CNNs são amplamente utilizadas em aplicações de visão computacional.

Redes Neuronais Recorrentes (RNNs): As RNNs são adequadas para dados sequenciais, como séries temporais ou linguagem natural. Têm ligações que formam ciclos direccionados, o que lhes permite manter uma memória de entradas anteriores. As redes LSTM (Long Short-Term

Memory) são um tipo popular de RNN que atenua o problema do gradiente de desaparecimento.

Redes Adversariais Generativas (GANs): As GANs consistem em duas redes neurais - um gerador e um discriminador - que competem entre si. O gerador cria dados falsos, enquanto o discriminador tenta distinguir entre dados reais e falsos. As GANs são utilizadas para gerar imagens, vídeos e até música realistas.

Aplicações da aprendizagem profunda

Visão computacional: Os modelos DL, especialmente as CNNs, revolucionaram a classificação de imagens, a deteção de objectos e a segmentação de imagens. As aplicações incluem veículos autónomos, reconhecimento facial e análise de imagens médicas.

Processamento de linguagem natural (PNL): As RNNs e os modelos de transformação (como o BERT e o GPT) melhoraram drasticamente tarefas como a tradução de línguas, a análise de sentimentos e a geração de texto.

Reconhecimento de fala: Os modelos DL alimentam assistentes virtuais como a Siri, Alexa e Google Assistant, convertendo a linguagem falada em texto com elevada precisão.

Cuidados de saúde: A DL é utilizada para o diagnóstico de doenças, descoberta de medicamentos e medicina personalizada através da análise de registos médicos e dados de imagiologia.

Desafios e direcções futuras

Apesar dos seus êxitos, o ML e a DL enfrentam vários desafios:

Dependência de dados: Os modelos DL requerem grandes quantidades de dados rotulados, cuja obtenção pode ser dispendiosa e demorada.

Recursos computacionais: O treino de redes profundas é computacionalmente intensivo e requer hardware especializado, como GPUs ou TPUs.

Interpretabilidade: Os modelos profundos são frequentemente vistos como caixas negras, o que dificulta a compreensão do seu processo de tomada de decisão.

Preocupações éticas: As questões relacionadas com a parcialidade, a equidade e a privacidade devem ser abordadas para garantir a utilização responsável das tecnologias de IA.

Redes Neuronais e Algoritmos

As redes neuronais e os algoritmos são componentes fundamentais da inteligência artificial (IA), impulsionando os avanços na aprendizagem automática (ML) e na aprendizagem profunda (DL). Esta secção aprofunda os meandros das redes neuronais, a sua estrutura, os seus tipos e os algoritmos que as alimentam, proporcionando uma compreensão abrangente destas tecnologias críticas de IA.

Redes neurais: Noções básicas

As redes neuronais são modelos computacionais inspirados na estrutura neuronal do cérebro humano. São constituídas por nós interligados, ou neurónios, organizados em camadas. Cada neurónio recebe um input, processa-o e passa o output para a camada seguinte.

Componentes das redes neuronais

Neurónios: As unidades básicas de uma rede neuronal, os neurónios recebem a entrada, aplicam um peso e uma polarização e passam o resultado através de uma função de ativação.

Camadas: As redes neuronais têm normalmente uma camada de entrada, uma ou mais camadas ocultas e uma camada de saída. A complexidade da rede aumenta com o número de camadas ocultas.

Pesos e vieses: Os pesos determinam a importância dos sinais de entrada, enquanto os enviesamentos permitem que a função de ativação seja deslocada.

Funções de ativação: Essas funções introduzem não-linearidade na rede, permitindo que ela aprenda padrões complexos. As funções de ativação comuns incluem ReLU (Unidade Linear Rectificada), Sigmoide e Tanh.

Tipos de redes neurais

Redes neurais feedforward (FNNs): O tipo mais simples de rede neural em que as ligações não formam ciclos. A informação flui da entrada para a saída, o que as torna adequadas para tarefas como a classificação de imagens.

Redes Neuronais Convolucionais (CNNs): Concebidas para o processamento de dados em grelha, como as imagens, as CNNs utilizam camadas convolucionais para extrair características através de filtros, melhorando significativamente as tarefas de reconhecimento de imagens.

Redes Neuronais Recorrentes (RNNs): As RNNs são ideais para dados seqüenciais, pois têm conexões que formam ciclos dirigidos, mantendo uma memória de entradas anteriores. Variantes como as redes LSTM (Long Short-Term Memory) tratam de problemas com dependências de longo prazo.

Redes Adversariais Generativas (GANs): As GANs consistem em duas redes neurais - um gerador e um discriminador - que competem para produzir dados realistas. São utilizadas na geração de imagens, criação de vídeos e outras tarefas generativas.

Autoencodificadores: Utilizados para a aprendizagem não supervisionada, os autoencoders aprendem representações eficientes dos dados codificando a entrada num espaço de dimensão inferior e reconstruindo-a em seguida.

Algoritmos avançados em redes neurais

Algoritmos de otimização

Descida de Gradiente Estocástico (SGD): Um método iterativo para otimizar a função de perda através da atualização de pesos utilizando um subconjunto de dados selecionado aleatoriamente.

Adam (Adaptive Moment Estimation): Combina as vantagens de duas outras extensões da descida de gradiente estocástica, melhorando a velocidade e o desempenho do treinamento.

Técnicas de regularização

Desistência: Define aleatoriamente uma fração de unidades de entrada para zero durante o treino para evitar o sobreajuste e melhorar a generalização.

Regularização L2: Adiciona uma penalização igual ao quadrado da magnitude dos coeficientes à função de perda, desencorajando modelos complexos.

Arquitecturas avançadas

ResNet (Redes Residuais): Introduz ligações de salto ou atalhos para saltar algumas camadas, resolvendo o problema do gradiente de desaparecimento e permitindo a formação de redes muito profundas.

Transformadores: Inicialmente concebidos para tarefas de processamento de linguagem natural, os transformadores utilizam mecanismos de auto-atenção para tratar dados sequenciais de forma mais eficiente do que as RNNs.

Aplicações das redes neuronais

Visão computacional

Classificação de imagens: As CNNs alcançaram uma precisão notável na classificação de imagens em várias categorias, potenciando aplicações como o reconhecimento facial e a análise de imagens médicas.

Deteção de objectos: As redes neuronais detectam e classificam objectos numa imagem, utilizados em aplicações como veículos autónomos e sistemas de segurança.

Processamento de linguagem natural (PNL)

Tradução automática: As redes neuronais traduzem texto de uma língua para outra com elevada precisão, como se pode ver em ferramentas como o Google Translate.

Análise de sentimentos: Analisam o texto para determinar o sentimento expresso, útil na análise de mercado e no feedback dos clientes.

Reconhecimento de fala

Assistentes de voz: As redes neuronais convertem a linguagem falada em texto, permitindo sistemas activados por voz como o Siri, o Alexa e o Google Assistant.

Serviços de transcrição: Transcrição automática de conteúdo falado para a forma escrita para aplicações em empresas e meios de comunicação.

Desafios e direcções futuras

Requisitos de dados: As redes neuronais requerem grandes quantidades de dados rotulados para treino, cuja obtenção pode ser dispendiosa e demorada.

Exigências computacionais: O treino de redes profundas é computacionalmente intensivo, necessitando frequentemente de hardware especializado como GPUs ou TPUs.

Interpretabilidade: A natureza de "caixa negra" das redes neuronais torna difícil compreender e confiar nos seus processos de tomada de decisão.

Preconceito e equidade: Garantir que as redes neuronais não perpetuam ou amplificam os preconceitos presentes nos dados de treino é uma preocupação importante.

Direcções futuras

IA explicável (XAI): Desenvolvimento de métodos para tornar as redes neuronais mais interpretáveis e transparentes.

Aprendizagem de poucos instantes: Modelos de treino que podem aprender eficazmente a partir de uma pequena quantidade de dados.

Aprendizagem contínua: Desenvolver redes que possam aprender continuamente e adaptar-se a novas tarefas sem esquecer os conhecimentos anteriores.

Integração com outras tecnologias: Combinação de redes neuronais com outras técnicas de IA e tecnologias emergentes, como a computação quântica, para melhorar as capacidades.

Processamento de linguagem natural (PNL)

O processamento de linguagem natural (PNL) é um domínio da inteligência artificial (IA) que se centra na interação entre os computadores e as línguas humanas. Ao permitir que as máquinas compreendam, interpretem e gerem linguagem humana, o PNL revolucionou várias aplicações, desde chatbots e assistentes virtuais até à tradução de línguas e análise de sentimentos. Esta secção explora os principais conceitos, técnicas e aplicações da PNL, destacando o seu impacto transformador na tecnologia e na sociedade.

Conceitos fundamentais da PNL

Fundamentos linguísticos

Fonologia: O estudo dos sons numa língua.

Morfologia: O estudo da estrutura e formação das palavras.

Sintaxe: As regras que regem a estrutura das frases.

Semântica: O significado das palavras e das frases.

Pragmática: O estudo da forma como o contexto influencia a interpretação da linguagem.

Tarefas-chave da PNL

Tokenização: O processo de dividir o texto em unidades mais pequenas, tais como palavras ou frases, que são chamadas tokens.

Marcação de parte do discurso: Atribuição de partes do discurso (por exemplo, substantivo, verbo, adjetivo) a cada token.

Reconhecimento de entidades nomeadas (NER): Identificar e classificar entidades (por exemplo, pessoas, organizações, locais) em texto.

Análise de sentimento: Determinação do sentimento expresso num texto, como positivo, negativo ou neutro.

Tradução automática: Tradução automática de texto de uma língua para outra.

Sumarização de textos: Produzir um resumo conciso de um texto mais longo.

Resposta a perguntas: Desenvolvimento de sistemas capazes de responder a questões colocadas em linguagem natural.

Técnicas e algoritmos em PNL

Métodos baseados em regras

Os primeiros sistemas de PNL baseavam-se fortemente em regras criadas manualmente e no conhecimento linguístico para processar a linguagem. Estes métodos eram limitados pela sua dependência de conhecimentos linguísticos alargados e pela sua incapacidade de generalização a novos dados.

Métodos estatísticos

Com o advento de grandes conjuntos de dados e o aumento do poder computacional, os métodos estatísticos tornaram-se proeminentes. Estes métodos utilizam modelos probabilísticos para lidar com tarefas linguísticas, permitindo um melhor tratamento da ambiguidade e da variação na linguagem.

Modelos de Markov ocultos (HMMs): Utilizados para tarefas de etiquetagem de sequências, como a etiquetagem de parte do discurso e NER.

N-gramas: Modelos probabilísticos que prevêem a palavra seguinte numa sequência com base nas N palavras anteriores.

Aprendizagem profunda em PNL

A aprendizagem profunda transformou ainda mais a PNL, tirando partido das redes neuronais para modelar padrões complexos nos dados linguísticos.

Redes Neuronais Recorrentes (RNNs): Adequadas para dados sequenciais, as RNNs têm sido utilizadas para tarefas como a modelação de linguagem e a tradução automática.

Memória de longo prazo (LSTM): Um tipo de RNN que resolve o problema do gradiente de desaparecimento, permitindo um melhor tratamento das dependências de longo prazo no texto.

Redes Neuronais Convolucionais (CNNs): Embora sejam principalmente utilizadas para o processamento de imagens, as CNN também têm sido aplicadas a tarefas de classificação de texto.

Transformadores: Revolucionando a PNL, os modelos de transformadores como o BERT (Bidirectional Encoder Representations from Transformers) e o GPT (Generative Pre-trained Transformer) utilizam mecanismos de auto-atenção para processar frases inteiras de uma só vez, captando dependências de longo alcance de forma mais eficaz.

Aplicações da PNL

Assistentes virtuais e chatbots

Assistentes activados por voz: A PNL está na base de assistentes virtuais como a Siri, a Alexa e o Google Assistant, permitindo-lhes compreender e responder a comandos de voz.

Chatbots de serviço ao cliente: Automatizando as interacções com os clientes, os chatbots utilizam a PNL para tratar de questões, prestar apoio e realizar tarefas como a marcação de compromissos.

Tradução automática

Google Translate: Tirando partido de modelos de aprendizagem profunda, o Google Translate fornece tradução em tempo real de texto e voz em vários idiomas.

Dispositivos de tradução em tempo real: Dispositivos que traduzem a língua falada em tempo real, facilitando a comunicação em ambientes multilingues.

Análise de sentimentos

Monitorização das redes sociais: As empresas utilizam a análise de sentimentos para avaliar a opinião pública sobre produtos, serviços e eventos através da análise de publicações e comentários nas redes sociais.

Estudos de mercado: Analisar o feedback e as avaliações dos clientes para compreender o sentimento e as preferências dos consumidores.

Sumarização de texto

Agregação de notícias: Resumir artigos de notícias para fornecer visões gerais concisas dos eventos actuais.

Sumarização de documentos: Geração automática de resumos de documentos extensos para poupar tempo e esforço na recuperação de informações.

Cuidados de saúde

Documentação clínica: A PNL ajuda no processamento e análise de notas clínicas, extraindo informações relevantes para registos médicos e investigação.

Descoberta de medicamentos: Analisar a literatura científica para identificar potenciais candidatos a medicamentos e compreender os efeitos dos medicamentos existentes.

Desafios da PNL

Ambiguidade e variabilidade

Ambiguidade lexical: As palavras com múltiplos significados podem ser difíceis de desambiguar sem contexto.

Ambiguidade sintáctica: As frases podem frequentemente ser analisadas de várias formas, dando origem a diferentes interpretações.

Limitações dos dados

Dados anotados: Os dados anotados de elevada qualidade são essenciais para a formação de modelos supervisionados, mas a sua obtenção pode ser dispendiosa e morosa.

Preconceito nos dados: Os modelos de PNL podem inadvertidamente aprender e perpetuar preconceitos presentes nos dados de treino, conduzindo a resultados injustos ou tendenciosos.

Diversidade linguística

PNL multilingue: O desenvolvimento de modelos capazes de lidar com várias línguas com sintaxe, semântica e contextos culturais variáveis constitui um desafio significativo.

Línguas com poucos recursos: Muitas línguas não dispõem de dados de formação suficientes, o que dificulta o desenvolvimento de modelos de PNL eficazes para elas.

Interpretabilidade e explicabilidade

Modelos de caixa preta: Os modelos de aprendizagem profunda, particularmente os grandes transformadores, são frequentemente criticados pela sua falta de interpretabilidade, tornando difícil compreender como chegam a determinadas decisões.

Robótica e automatização

A robótica e a automação são componentes integrais da tecnologia moderna, impulsionando a inovação e a eficiência em vários sectores.

Desde a indústria transformadora e os cuidados de saúde até à agricultura e às indústrias de serviços, os robôs e os sistemas automatizados estão a transformar a forma como as tarefas são executadas. Esta secção aborda os fundamentos da robótica e da automação, explorando a sua evolução, conceitos-chave, aplicações e o impacto que têm na sociedade.

Evolução da robótica

Primeiros desenvolvimentos

Revolução Industrial: As raízes da robótica moderna remontam à Revolução Industrial, onde a mecanização e a automatização transformaram os processos de fabrico.

Autómatos primitivos: Inventores como Leonardo da Vinci criaram dispositivos mecânicos capazes de executar tarefas simples, lançando as bases para futuros avanços na robótica.

O surgimento da robótica moderna

Unimate: Em 1961, o Unimate, desenvolvido por George Devol e Joseph Engelberger, tornou-se o primeiro robô industrial a ser colocado em produção, revolucionando os processos de fabrico.

Avanços nos sistemas de controlo: O desenvolvimento de sistemas de controlo computorizados permitiu que os robôs executassem tarefas mais complexas com maior precisão e eficiência.

Estado atual da robótica

Robôs colaborativos (Cobots): Os robôs modernos são concebidos para trabalhar ao lado de humanos, facilitando a colaboração entre humanos e robôs na indústria transformadora, nos cuidados de saúde e noutras indústrias.

Robôs autónomos: Os avanços na inteligência artificial e nas tecnologias de sensores conduziram ao desenvolvimento de robôs autónomos capazes de navegar e executar tarefas sem intervenção humana.

Robótica suave: Os robôs macios feitos de materiais flexíveis e deformáveis estão a ganhar destaque pela sua capacidade de interagir em segurança com seres humanos e objectos delicados.

Conceitos-chave em robótica

Anatomia do robô

Manipulador: A estrutura semelhante a um braço de um robô que interage com o seu ambiente.

Efector final: A ferramenta ou dispositivo ligado à extremidade do manipulador, como uma pinça ou uma tocha de soldadura.

Sensores: Dispositivos que fornecem feedback ao robô sobre o seu ambiente, incluindo câmaras, sensores de proximidade e sensores de força.

Actuadores: Componentes que permitem que o robô se mova, tais como motores e cilindros pneumáticos.

Sistemas de controlo

Controlo de feedback: Sistemas que monitorizam continuamente o desempenho do robô e ajustam as suas acções com base no feedback do sensor para manter o comportamento desejado.

Controlo em circuito aberto: Sequências predefinidas de acções que o robô executa sem feedback, adequadas para tarefas com resultados previsíveis.

Programação

Programação pendente de ensino: Método de programação manual em que os operadores movem o manipulador do robot através dos movimentos desejados utilizando um dispositivo portátil.

Programação offline: Abordagem baseada em software em que as trajectórias e tarefas do robô são programadas offline e depois transferidas para o controlador do robô para execução.

Aplicações da robótica

Fabrico

Automação da linha de montagem: Os robôs executam tarefas repetitivas como a soldadura, a pintura e a montagem, aumentando a eficiência e a produtividade nas instalações de fabrico.

Sistemas de fabrico flexíveis: As células robóticas modulares podem adaptar-se para produzir diferentes produtos, permitindo uma rápida reconfiguração das linhas de produção.

Cuidados de saúde

Robótica cirúrgica: Os sistemas robóticos ajudam os cirurgiões a efetuar procedimentos minimamente invasivos com maior precisão e destreza, reduzindo os tempos de recuperação dos doentes.

Robótica de assistência: Os robôs ajudam as pessoas com deficiência ou mobilidade limitada em tarefas como a assistência à mobilidade, a reabilitação e as actividades diárias.

Agricultura

Agricultura de precisão: Robôs equipados com sensores e actuadores monitorizam as culturas, aplicam fertilizantes e pesticidas e realizam operações de colheita com o mínimo de intervenção humana.

Veículos autónomos: Tractores e drones sem condutor navegam pelos campos para realizar tarefas como plantar sementes, monitorizar a saúde das culturas e pulverizar produtos químicos.

Logística e armazenamento

Veículos Guiados Automatizados (AGVs): Os robôs móveis auto-guiados transportam materiais e produtos em armazéns e centros de distribuição, optimizando as operações logísticas.

Robôs de atendimento de pedidos: Os robôs autónomos navegam pelos corredores do armazém para recolher, embalar e transportar itens para a satisfação de encomendas, reduzindo o trabalho manual e os tempos de processamento de encomendas.

Indústrias de serviços

Robôs de hotelaria: Os robots servem os clientes em hotéis, restaurantes e outros locais de hospitalidade, entregando refeições, limpando quartos e prestando serviços de concierge.

Automatização do retalho: Os sistemas de caixa automatizados, os robôs de gestão de inventário e os armazenistas robóticos de prateleiras simplificam as operações em ambientes de retalho.

CAPÍTULO 3

A IA na vida quotidiana

Jyoti Kataria

Escola de Engenharia e Tecnologia

K. R. Mangalam University, Gurugram, Haryana, Índia

Gaurav Kansal

Escola de Engenharia

ABES(IT), Ghaziabad, Uttar Pradesh, Índia

Introdução

A Inteligência Artificial (IA) revolucionou os produtos e serviços de consumo, melhorando as experiências dos utilizadores, personalizando as interacções e simplificando as operações em vários sectores. Desde assistentes virtuais e sistemas de recomendação a chatbots e dispositivos inteligentes, as tecnologias alimentadas por IA tornaram-se parte integrante do nosso quotidiano.

Aplicações da IA em produtos e serviços de consumo

Assistentes virtuais

Os assistentes virtuais, como o Alexa da Amazon, o Siri da Apple e o Assistente do Google, utilizam algoritmos de IA para compreender e responder aos comandos e às perguntas dos utilizadores. Estes agentes inteligentes podem executar tarefas como definir lembretes, responder a perguntas, reproduzir música e controlar dispositivos domésticos inteligentes. Ao aprenderem continuamente com as interacções e o feedback dos utilizadores, os assistentes virtuais adaptam-se às preferências e comportamentos individuais, fornecendo assistência e recomendações personalizadas.

Sistemas de recomendação

As plataformas de comércio eletrónico, os serviços de streaming e os fornecedores de conteúdos utilizam sistemas de recomendação alimentados por IA para sugerir produtos, filmes, música e artigos adaptados aos interesses e preferências dos utilizadores. Estes sistemas analisam o comportamento anterior, o histórico de navegação e as informações demográficas para gerar recomendações personalizadas, aumentando as taxas de envolvimento, retenção e conversão. Ao tirar partido dos algoritmos de aprendizagem automática, os sistemas de recomendação aperfeiçoam continuamente as suas previsões, melhorando a relevância e a precisão ao longo do tempo.

Chatbots e serviço ao cliente

Os chatbots são agentes de conversação orientados por IA que simulam interacções semelhantes às humanas para ajudar os utilizadores com perguntas, resolução de problemas e pedidos de suporte. Implementados em sítios Web, aplicações móveis e plataformas de mensagens, os chatbots fornecem respostas instantâneas a perguntas comuns, encaminham os pedidos de informação para os canais apropriados e, quando necessário, encaminham questões complexas para agentes humanos. Ao automatizar tarefas de rotina e ao tratar um grande volume de pedidos de informação, os chatbots aumentam a eficiência do serviço ao cliente, reduzem os tempos de resposta e melhoram os níveis de satisfação.

Personalização e customização

A IA permite recomendações personalizadas de produtos, sugestões de conteúdos e ofertas de marketing com base em preferências individuais, padrões de comportamento e características demográficas. As plataformas de comércio eletrónico utilizam algoritmos de IA para selecionar catálogos de produtos, criar promoções direccionadas e proporcionar experiências de compra personalizadas, adaptadas às necessidades e preferências de cada cliente. Ao tirar partido da análise de dados e das técnicas de aprendizagem automática, as empresas podem segmentar o seu público, identificar tendências relevantes e fornecer conteúdos oportunos e relevantes para aumentar as taxas de envolvimento e de conversão.

Benefícios da IA nos produtos e serviços de consumo

Experiência do utilizador melhorada

As tecnologias baseadas em IA melhoram as experiências dos utilizadores, fornecendo recomendações personalizadas, assistência antecipada e interfaces intuitivas. Os assistentes virtuais e os sistemas de recomendação antecipam as necessidades dos utilizadores, simplificam tarefas complexas e racionalizam as interacções, reduzindo o atrito e a carga cognitiva. Ao tirar partido do processamento de linguagem natural (PNL) e dos algoritmos de aprendizagem automática, a IA permite interacções mais naturais e conversacionais, tornando os produtos e serviços mais acessíveis e fáceis de utilizar.

Aumento da eficiência e da produtividade

A IA automatiza tarefas repetitivas, simplifica os fluxos de trabalho e acelera os processos de tomada de decisão, aumentando a eficiência e a produtividade dos produtos e serviços de consumo. Os chatbots tratam de questões de rotina, libertando os agentes humanos para se concentrarem em tarefas mais complexas ou de elevado valor. Os sistemas de recomendação analisam grandes quantidades de dados para identificar padrões e tendências relevantes, permitindo às empresas tomar decisões baseadas em dados e otimizar a atribuição de recursos. Ao tirar partido da análise preditiva e dos algoritmos de otimização, a IA aumenta a eficiência operacional, reduz os custos e melhora o desempenho geral.

Personalização e customização

A IA permite experiências personalizadas e adaptadas às preferências, interesses e padrões de comportamento individuais. Os sistemas de recomendação analisam os dados do utilizador para fornecer conteúdos, produtos e serviços relevantes, aumentando os níveis de envolvimento e satisfação. Os assistentes virtuais aprendem com as interacções dos utilizadores para fornecer assistência e recomendações personalizadas, aumentando a satisfação e a lealdade dos utilizadores. Ao tirar partido da análise de dados e das técnicas de aprendizagem automática, as empresas podem segmentar o seu público, direcionar-se para dados demográficos específicos e adaptar as suas ofertas para satisfazer as necessidades e preferências exclusivas de cada cliente.

Inovação e diferenciação

As inovações impulsionadas pela IA diferenciam produtos e serviços, oferecendo características, funcionalidades e capacidades únicas que melhoram as propostas de valor e as vantagens competitivas. Os assistentes virtuais, os chatbots e os sistemas de recomendação diferenciam as marcas ao proporcionarem experiências personalizadas e interactivas que se repercutem nos utilizadores. Os dispositivos inteligentes e os produtos com IoT tiram partido dos algoritmos de IA para antecipar as necessidades dos utilizadores, automatizar tarefas e aumentar a conveniência e o conforto. Ao adotar as tecnologias de IA, as empresas podem impulsionar a inovação, criar novos fluxos de receitas e manter-se à frente da concorrência em mercados em rápida evolução.

Desafios e considerações

Preocupações com a privacidade e a segurança

A IA suscita preocupações sobre a privacidade dos dados, a segurança e a utilização ética, especialmente no que respeita à recolha, armazenamento e tratamento de informações pessoais sensíveis. Os assistentes virtuais e os sistemas de recomendação requerem o acesso aos dados do utilizador para proporcionar experiências personalizadas, levantando questões sobre a propriedade dos dados, o consentimento e a transparência. As empresas devem implementar medidas de segurança robustas, protocolos de encriptação e políticas de proteção de dados para salvaguardar a privacidade do utilizador e impedir o acesso não autorizado ou a utilização indevida de dados pessoais.

Preconceito e equidade algorítmica

Os algoritmos de IA podem apresentar enviesamentos e injustiças devido a dados de formação enviesados, algoritmos defeituosos ou consequências não intencionais. Os sistemas de recomendação podem reforçar estereótipos, preferências ou preconceitos existentes, conduzindo a bolhas de filtragem, câmaras de eco e resultados discriminatórios. As empresas devem resolver os problemas de parcialidade e equidade dos algoritmos diversificando os dados de formação, avaliando o desempenho do modelo e implementando técnicas de atenuação de parcialidade. A transparência, a responsabilidade e as considerações éticas são essenciais para garantir que os sistemas de IA são justos, inclusivos e equitativos para todos os utilizadores.

Confiança e aceitação do utilizador

A adoção depende da confiança do utilizador, da aceitação e da confiança na fiabilidade, exatidão e usabilidade dos produtos e serviços alimentados por IA. Os assistentes virtuais e os chatbots têm de dar respostas precisas, tratar consultas complexas e compreender a intenção do utilizador para criar confiança e credibilidade. Os sistemas de recomendação devem fornecer recomendações relevantes e imparciais para manter a satisfação e a fidelidade do utilizador. As empresas devem investir na educação do utilizador, na transparência e na conceção centrada no utilizador para responder às suas preocupações, aliviar os receios e promover a confiança nas tecnologias de IA.

Conformidade regulamentar e governação

A implementação da IA está sujeita à conformidade regulamentar, aos requisitos legais e às normas do sector que regem a proteção de dados, os direitos dos consumidores e a utilização ética. As empresas devem cumprir as leis de privacidade de dados, como o Regulamento Geral de Proteção de Dados (GDPR) e a Lei de Privacidade do Consumidor da Califórnia (CCPA), para garantir o tratamento legal e ético dos dados do usuário. As estruturas regulatórias e as diretrizes do setor fornecem orientação sobre governança, responsabilidade e responsabilidade da IA, ajudando as empresas a enfrentar os desafios legais e éticos associados à implantação da IA.

A IA transformou os produtos e serviços de consumo, permitindo que as empresas ofereçam experiências personalizadas, melhorem o envolvimento dos utilizadores e impulsionem a inovação. Os assistentes virtuais, os sistemas de recomendação, os chatbots e os dispositivos inteligentes tiram partido dos algoritmos de IA para antecipar as necessidades dos utilizadores, automatizar tarefas e fornecer recomendações e assistência personalizadas. Embora a IA ofereça inúmeros benefícios, também levanta desafios e considerações relacionadas com a privacidade, a segurança, a parcialidade e a confiança. Ao abordar estes desafios e adotar práticas éticas de IA, as empresas podem maximizar o valor da IA em produtos e serviços de consumo, garantindo simultaneamente a privacidade, a justiça e a fiabilidade do utilizador.

Casas inteligentes e assistentes pessoais

As casas inteligentes, alimentadas pela inteligência artificial (IA) e pelas tecnologias da Internet das Coisas (IoT), oferecem maior comodidade, conforto e eficiência, automatizando as tarefas domésticas e proporcionando experiências personalizadas. Desde assistentes activados por voz e aparelhos inteligentes a dispositivos ligados e sistemas de domótica, a IA transforma as casas tradicionais em espaços de vida inteligentes.

Aplicações da IA em casas inteligentes

Assistentes activados por voz

Os assistentes activados por voz, como o Amazon Echo com Alexa, o Google Home com Google Assistant e o Apple HomePod com Siri, funcionam como hubs centrais para controlar dispositivos domésticos inteligentes, gerir horários e aceder a informações através de comandos de voz. Estes agentes inteligentes tiram partido do processamento de linguagem natural (PNL) e dos algoritmos de aprendizagem automática para compreender e responder aos pedidos dos utilizadores, proporcionando um controlo mãos-livres e assistência personalizada. Os utilizadores podem controlar luzes, termóstatos, fechaduras e outros dispositivos ligados, reproduzir música, definir lembretes, verificar a meteorologia e aceder a uma vasta gama de serviços através de comandos de voz.

Sistemas de automação residencial

Os sistemas de domótica integram tecnologias de IA e IoT para automatizar tarefas de rotina, monitorizar ambientes domésticos e melhorar a segurança e a eficiência energética. Os termóstatos inteligentes, como o Nest e o Ecobee, utilizam algoritmos de IA para aprender as preferências do utilizador, ajustar as definições de temperatura e otimizar a utilização de energia com base nos padrões de ocupação e nas condições meteorológicas. Os sistemas de iluminação inteligentes, como o Philips Hue e o LIFX, permitem aos utilizadores personalizar esquemas de iluminação, programar sequências de iluminação automatizadas e controlar as luzes remotamente através de aplicações para smartphones ou comandos de voz. As câmaras de segurança alimentadas por IA, as câmaras de campainha e os sensores de movimento proporcionam vigilância em tempo real, detectam intrusões e enviam alertas para os smartphones dos utilizadores, melhorando a segurança doméstica e a paz de espírito.

Monitorização da saúde e do bem-estar

Os dispositivos alimentados por IA e os wearables monitorizam métricas de saúde e bem-estar, tais como padrões de sono, níveis de atividade e sinais vitais, para promover o bem-estar e a boa forma em casas inteligentes. Balanças inteligentes, rastreadores de fitness e monitores de sono recolhem dados sobre as actividades físicas dos utilizadores, a qualidade do sono e a saúde em geral, fornecendo informações e recomendações para ajudar os utilizadores a atingir os seus objectivos de saúde. Os algoritmos de IA analisam os dados de saúde, detectam tendências e fornecem feedback personalizado e recomendações para mudanças de estilo de vida, rotinas de exercício e ajustes alimentares. Ao integrar a monitorização da saúde e do bem-estar nos ecossistemas domésticos inteligentes, os utilizadores podem acompanhar o seu progresso, receber informações úteis e tomar decisões informadas para melhorar a sua saúde e bem-estar.

Benefícios da IA nas casas inteligentes

Conveniência e conforto

Os dispositivos domésticos inteligentes alimentados por IA automatizam tarefas de rotina, simplificam as tarefas domésticas e aumentam o conforto e a comodidade dos utilizadores. Os assistentes activados por voz permitem o controlo mãos-livres de dispositivos e aparelhos inteligentes, permitindo aos utilizadores realizar tarefas como ajustar as luzes, definir temporizadores e reproduzir música com simples comandos de voz. Os sistemas de domótica optimizam as definições de temperatura, iluminação e segurança com base nas preferências do utilizador e nos padrões de ocupação, criando ambientes personalizados que se adaptam às necessidades e preferências dos utilizadores.

Eficiência energética e poupança de custos

As tecnologias domésticas inteligentes baseadas em IA optimizam a utilização de energia, reduzem o desperdício e diminuem as facturas de serviços públicos, gerindo de forma inteligente o aquecimento, a refrigeração, a iluminação e a utilização de aparelhos. Os termóstatos inteligentes aprendem as preferências do utilizador, ajustam as definições de temperatura e optimizam os horários de aquecimento e arrefecimento para minimizar o consumo de energia e manter os níveis de conforto. Os sistemas de iluminação inteligentes diminuem ou desligam automaticamente as luzes em divisões desocupadas, ajustam os níveis de brilho com base nas condições de luz natural e programam sequências de iluminação para poupar energia. Ao tirar partido dos algoritmos de IA e dos sensores IoT, as casas inteligentes reduzem o desperdício de energia, diminuem os custos operacionais e promovem a sustentabilidade ambiental.

Segurança e proteção

As câmaras de segurança alimentadas por IA, as câmaras de campainha e os sensores de movimento melhoram a segurança doméstica, fornecendo vigilância em tempo real, detectando intrusões e enviando alertas para os smartphones dos utilizadores. As fechaduras inteligentes e os sistemas de controlo de acesso permitem a monitorização e gestão remota de fechaduras de portas, permitindo aos utilizadores trancar ou destrancar portas, conceder acesso a visitantes e receber notificações de tentativas de entrada não autorizadas. Os algoritmos de IA analisam feeds de vídeo, detectam actividades suspeitas ou anomalias e accionam alarmes ou notificações em caso de violações de segurança. Ao integrar soluções de segurança baseadas em IA em ecossistemas domésticos inteligentes, os utilizadores podem proteger as suas casas e os seus entes queridos, dissuadir potenciais ameaças e responder prontamente a incidentes de segurança.

Desafios e considerações

Privacidade e segurança dos dados

Os dispositivos domésticos inteligentes alimentados por IA recolhem dados sensíveis dos utilizadores, tais como gravações de voz, padrões de comportamento e preferências pessoais, o que suscita preocupações sobre a privacidade e a segurança dos dados. Os utilizadores podem preocupar-se com o acesso não autorizado às suas informações pessoais, violações de dados ou utilização indevida dos dados recolhidos por fornecedores de serviços ou terceiros. Os dispositivos domésticos inteligentes devem implementar medidas de segurança robustas, protocolos de encriptação e controlos de acesso para salvaguardar a privacidade do utilizador e proteger contra ameaças cibernéticas. Os utilizadores devem também ser informados sobre as práticas de recolha de dados, os mecanismos de consentimento e as políticas de privacidade para tomarem decisões informadas sobre a partilha dos seus dados e a utilização de tecnologias domésticas inteligentes.

Interoperabilidade e compatibilidade

Os ecossistemas domésticos inteligentes são constituídos por diversos dispositivos e plataformas de diferentes fabricantes, cada um com os seus próprios protocolos, normas e interfaces, o que leva a desafios de interoperabilidade e compatibilidade. Os utilizadores podem ter dificuldades em integrar e gerir dispositivos diferentes, controlá-los a partir de uma interface centralizada ou garantir uma comunicação e interoperabilidade perfeitas entre dispositivos. As plataformas de casa inteligente orientadas para a IA devem suportar normas abertas, protocolos interoperáveis e alianças industriais para facilitar a integração, compatibilidade e interoperabilidade entre diversos dispositivos e ecossistemas.

Fiabilidade e desempenho

Os dispositivos domésticos inteligentes alimentados por IA dependem da conetividade, dos serviços em nuvem e dos algoritmos de IA para fornecer automação inteligente, experiências personalizadas e informações em tempo real. Os utilizadores podem ter problemas de fiabilidade, latência ou degradação do desempenho devido a problemas de conetividade de rede, interrupções de serviço ou atrasos de processamento. Os dispositivos domésticos inteligentes devem ser concebidos para garantir a fiabilidade, a resiliência e a funcionalidade offline, a fim de assegurar um funcionamento ininterrupto e a experiência do utilizador, mesmo na ausência de conetividade à Internet ou de serviços em nuvem. Os algoritmos de IA devem ser optimizados em termos de eficiência, escalabilidade e processamento em tempo real para proporcionar tempos de resposta rápidos e previsões precisas, mesmo com uma carga de trabalho elevada ou restrições de recursos.

Implicações éticas e sociais

As tecnologias domésticas inteligentes baseadas em IA levantam implicações éticas e sociais relacionadas com a autonomia, o consentimento e o controlo dos utilizadores sobre a tecnologia. Os utilizadores podem sentir-se desconfortáveis com a ideia de dispositivos alimentados por IA que monitorizam as suas actividades, tomam decisões em seu nome ou influenciam o seu comportamento sem o seu consentimento explícito. Os dispositivos domésticos inteligentes devem oferecer transparência, escolha e opções de controlo aos utilizadores, permitindo-lhes personalizar as definições, ajustar as preferências e gerir as suas preferências de privacidade e segurança. As empresas devem adotar princípios éticos de IA, directrizes de design e abordagens centradas no utilizador para garantir que as tecnologias domésticas inteligentes respeitam a autonomia do utilizador, promovem a confiança e defendem os padrões éticos.

IA nos transportes: Veículos autónomos

Os veículos autónomos, alimentados por inteligência artificial (IA) e tecnologias avançadas de sensores, prometem revolucionar os transportes, oferecendo soluções de mobilidade mais seguras, mais eficientes e mais convenientes. Desde carros e camiões autónomos a drones autónomos e táxis voadores, os sistemas de transporte baseados em IA estão a remodelar a forma como as pessoas e os bens se deslocam dentro das cidades e entre regiões.

Aplicações da IA em veículos autónomos

Carros autónomos

Os veículos autónomos, equipados com algoritmos de IA, sensores e computadores de bordo, podem navegar nas estradas, interpretar sinais de trânsito e tomar decisões de condução sem intervenção humana. Estes veículos autónomos tiram partido de tecnologias como o lidar, o radar, as câmaras e o GPS para perceberem o que os rodeia, detectarem obstáculos e planearem percursos óptimos. Os algoritmos de IA processam dados de sensores, analisam padrões de tráfego e prevêem o comportamento de outros veículos e peões para navegar em segurança em ambientes complexos. Os automóveis autónomos oferecem potenciais aplicações em serviços de partilha de boleias, serviços de táxi, frotas de entregas e transportes públicos, reduzindo o congestionamento do tráfego, os acidentes e as emissões, ao mesmo tempo que melhoram a mobilidade e a acessibilidade dos passageiros.

Camiões autónomos e transporte de mercadorias

Os camiões e veículos de carga autónomos utilizam tecnologias de IA para automatizar o transporte de longo curso, a logística e as operações de entrega. Estes veículos autónomos podem navegar em auto-estradas, manter distâncias seguras e efetuar manobras como mudanças de faixa e fusões com o mínimo de intervenção humana. Os algoritmos de IA optimizam o planeamento de rotas, a programação e a gestão de frotas para maximizar a eficiência, minimizar o consumo de combustível e reduzir os custos de transporte. Os camiões autónomos oferecem potenciais aplicações no transporte de mercadorias, logística da cadeia de fornecimento e entrega na última milha, melhorando a produtividade, fiabilidade e sustentabilidade na indústria dos transportes.

Veículos aéreos não tripulados (UAV) e drones

Os veículos aéreos não tripulados (UAV) e os drones utilizam algoritmos de IA e tecnologias de visão por computador para realizar operações de voo autónomas, vigilância e inspecções aéreas. Estas aeronaves autónomas podem navegar no espaço aéreo, evitar obstáculos e executar missões predefinidas utilizando pontos de passagem GPS e sistemas de controlo de voo. Os algoritmos de IA processam os dados dos sensores, analisam as condições ambientais e detectam objectos de interesse para realizar tarefas como fotografia aérea, cartografia, monitorização e resposta a emergências. Os UAV e os drones oferecem potenciais aplicações na agricultura, na construção, na inspeção de infra-estruturas, na gestão de catástrofes e na monitorização ambiental, permitindo soluções rentáveis e escaláveis para operações aéreas.

Mobilidade aérea urbana (UAM) e táxis voadores

A mobilidade aérea urbana (UAM) e os táxis voadores utilizam aeronaves eléctricas de descolagem e aterragem verticais (eVTOL) com IA para fornecer serviços de transporte urbano a pedido. Estes veículos aéreos autónomos podem descolar e aterrar verticalmente, navegar no espaço aéreo urbano e transportar passageiros entre vertiports ou plataformas de aterragem designadas. Os algoritmos de IA optimizam as rotas de voo, a gestão do espaço aéreo e o encaminhamento de passageiros para minimizar os tempos de viagem, evitar congestionamentos e garantir a segurança em áreas urbanas densamente povoadas. A UAM e os táxis voadores oferecem potenciais aplicações em transportes urbanos, deslocações pendulares e mobilidade como um serviço (MaaS), oferecendo alternativas rápidas, eficientes e ecológicas ao transporte terrestre tradicional.

Benefícios da IA em veículos autónomos

Segurança e fiabilidade melhoradas

Os veículos autónomos tiram partido dos algoritmos de IA e das tecnologias de sensores para aumentar a segurança e a fiabilidade, reduzindo o risco de erros humanos, distracções e acidentes. Os carros autónomos podem detetar e responder a potenciais perigos, tais como obstáculos, peões e outros veículos, com tempos de reação mais rápidos e maior precisão do que os condutores humanos. Os camiões e veículos de transporte de mercadorias autónomos mantêm distâncias seguras, seguem as regras de trânsito e operam continuamente sem fadiga, reduzindo a probabilidade de acidentes e colisões em auto-estradas e estradas. Os UAV e os drones realizam missões aéreas com precisão e exatidão, minimizando o risco de acidentes e incidentes durante as operações de vigilância, inspeção e resposta a emergências.

Transportes eficientes e sustentáveis

Os veículos autónomos optimizam as operações de transporte, reduzem o consumo de combustível e minimizam as emissões através da otimização do planeamento de rotas, do encaminhamento de veículos e da eficiência energética. Os carros e camiões autónomos podem reduzir o congestionamento do tráfego, melhorar o fluxo de tráfego e otimizar a eficiência do combustível, coordenando os movimentos dos veículos, fundindo faixas de rodagem e evitando engarrafamentos. Os UAV e os drones oferecem alternativas ecológicas para o transporte aéreo, a vigilância e a entrega, reduzindo a pegada de carbono das operações tradicionais de transporte e logística em terra. Os UAM e os táxis voadores permitem uma mobilidade urbana eficiente, reduzem a dependência da infraestrutura rodoviária e aliviam o congestionamento em cidades densamente povoadas, contribuindo para os esforços de sustentabilidade e conservação ambiental.

Mobilidade e acessibilidade melhoradas

Os veículos autónomos expandem as opções de mobilidade e melhoram a acessibilidade dos passageiros, incluindo idosos, pessoas com deficiência e residentes de comunidades carenciadas. Os carros autónomos oferecem soluções de transporte convenientes para pessoas que não podem conduzir ou aceder a transportes públicos, permitindo viagens e mobilidade independentes. Os camiões e veículos de entrega autónomos oferecem serviços eficientes de transporte de mercadorias para zonas remotas ou rurais com acesso limitado às infra-estruturas de transporte tradicionais. Os UAV e os drones proporcionam capacidades de resposta rápida para o transporte médico de emergência, assistência em catástrofes e operações de busca e salvamento em ambientes inacessíveis ou perigosos, salvando vidas e melhorando a segurança pública.

Poupança de custos e benefícios económicos

Os veículos autónomos reduzem os custos de transporte, aumentam a eficiência operacional e geram benefícios económicos para as empresas, governos e sociedade em geral. Os carros e camiões autónomos optimizam o consumo de combustível, reduzem os custos de manutenção e minimizam as despesas de mão de obra associadas aos salários dos condutores, prémios de seguro e conformidade regulamentar. As frotas de entrega autónomas simplificam as operações de logística, reduzem os tempos de entrega e os custos de envio para os retalhistas de comércio eletrónico e empresas de logística. Os UAVs e os drones oferecem soluções económicas para tarefas de vigilância aérea, mapeamento e inspeção, eliminando a necessidade de aeronaves tripuladas ou equipamento em terra. Os UAM e os táxis voadores oferecem alternativas que poupam tempo aos utilizadores urbanos, reduzem o congestionamento e estimulam o crescimento económico, ligando pessoas, empresas e comunidades de forma mais eficiente.

Desafios e considerações

Quadros regulamentares e jurídicos

Os veículos autónomos enfrentam desafios regulamentares e legais relacionados com as normas de segurança, responsabilidade, seguros e conformidade com as leis e regulamentos de trânsito. Os governos e as agências reguladoras devem estabelecer directrizes claras, processos de certificação e requisitos de licenciamento para testes, implementação e operação de veículos autónomos em estradas públicas e no espaço aéreo. Os enquadramentos legais devem abordar questões de responsabilidade, cobertura de seguro e atribuição de responsabilidade em caso de acidentes ou incidentes que envolvam veículos autónomos. Os esforços de colaboração entre as partes interessadas da indústria, os decisores políticos e as autoridades reguladoras são essenciais para desenvolver quadros regulamentares consistentes, transparentes e aplicáveis que garantam a segurança, a fiabilidade e a responsabilidade dos veículos autónomos.

Limitações técnicas e tecnológicas

Os veículos autónomos deparam-se com limitações técnicas e tecnológicas relacionadas com as capacidades dos sensores, as condições ambientais e os casos extremos que exigem intervenção ou supervisão humana. Os carros e camiões autónomos podem ter dificuldade em navegar em ambientes urbanos complexos, condições meteorológicas adversas ou condições rodoviárias imprevisíveis com visibilidade limitada ou marcações pouco claras. Os UAV e os drones enfrentam desafios como a duração da bateria, a autonomia de voo e a capacidade de carga útil, que afectam o seu alcance, desempenho e capacidades operacionais. Os UAM e os táxis voadores requerem avanços na tecnologia das baterias, nos sistemas de propulsão e na gestão do tráfego aéreo para permitir soluções de mobilidade aérea urbana seguras, eficientes e escaláveis. A investigação, o desenvolvimento e a inovação contínuos são necessários para ultrapassar as barreiras técnicas e melhorar o desempenho, a fiabilidade e a escalabilidade das tecnologias de veículos autónomos.

Preocupações de segurança e proteção

Os veículos autónomos suscitam preocupações de segurança e proteção relacionadas com ciberameaças, pirataria informática e ataques maliciosos que podem comprometer os sistemas dos veículos, as redes de comunicação ou os sistemas de navegação. Os automóveis e camiões autónomos dependem de sensores interligados, protocolos de comunicação e computadores de bordo que são susceptíveis a vulnerabilidades de cibersegurança, bugs de software e explorações maliciosas. Os UAV e os drones enfrentam riscos como interferência de sinal, falsificação de GPS e acesso não autorizado que podem interromper as operações de voo ou comprometer dados sensíveis recolhidos durante as missões aéreas. Os UAM e os táxis voadores exigem medidas de segurança robustas, protocolos de encriptação e mecanismos de autenticação para proteger contra ciberameaças, garantir a integridade dos dados e manter a segurança dos passageiros e das infra-estruturas. Os princípios de segurança desde a conceção, as normas de encriptação e os sistemas de deteção de intrusões são essenciais para proteger os sistemas e as redes de veículos autónomos contra o acesso não autorizado, as violações de dados e os ciberataques.

Implicações éticas e sociais

Os veículos autónomos suscitam implicações éticas e sociais relacionadas com os algoritmos de tomada de decisões, as interacções homem-máquina e os impactos sociais dos sistemas de transporte baseados em IA. Os automóveis autónomos têm de tomar decisões éticas em cenários que envolvem conflitos potenciais, como dar prioridade à segurança dos passageiros em detrimento da segurança dos peões em situações de emergência. Os camiões autónomos enfrentam dilemas éticos relacionados com a atribuição de recursos, a distribuição de bens e o impacto no emprego na indústria dos transportes. Os UAV e os drones suscitam preocupações sobre os direitos de privacidade, as capacidades de vigilância e a potencial utilização indevida para fins de vigilância, espionagem ou violação da privacidade. Os UAM e os táxis voadores levantam questões sobre a equidade, a acessibilidade e a acessibilidade económica dos serviços de mobilidade aérea urbana, particularmente para comunidades carenciadas ou populações marginalizadas. As directrizes éticas, os princípios de design e o envolvimento do público são essenciais para abordar os dilemas éticos, garantir a transparência e promover a utilização responsável das tecnologias de transporte baseadas em IA.

Realidade Virtual (RV) e Realidade Aumentada (RA)

As tecnologias de realidade virtual (RV) e de realidade aumentada (RA) tiram partido dos algoritmos de IA para criar experiências imersivas e interactivas em jogos, entretenimento e narração de histórias. Os algoritmos alimentados por IA melhoram as aplicações de RV e RA optimizando a renderização de gráficos, o mapeamento espacial e o reconhecimento de objectos em ambientes virtuais. Os chatbots e os assistentes virtuais baseados em IA proporcionam experiências interactivas e orientação nas aplicações de RV e RA, permitindo interacções de linguagem natural e feedback em tempo real. As experiências de RV e RA oferecem novas oportunidades para contar histórias, jogar, educar, formar e envolver as marcas, esbatendo as fronteiras entre os mundos físico e digital.

Publicidade e marketing personalizados

A IA permite campanhas personalizadas de publicidade e marketing, analisando os dados do utilizador, segmentando públicos e direccionando conteúdos e promoções relevantes. Os anunciantes e os profissionais de marketing utilizam algoritmos de IA para identificar as preferências, o comportamento e os dados demográficos dos consumidores, a fim de apresentar anúncios, mensagens e ofertas direccionados nos canais digitais. As plataformas de publicidade programática automatizam a colocação de anúncios e os processos de otimização, maximizando a relevância dos anúncios, o alcance e o retorno do investimento (ROI). Os chatbots e assistentes virtuais com tecnologia de IA fornecem interacções personalizadas com os clientes, recomendações de produtos e serviços de apoio para melhorar o envolvimento com a marca e a satisfação do cliente.

Benefícios da IA no entretenimento e nos media

Experiência do utilizador melhorada

As tecnologias orientadas para a IA melhoram a experiência do utilizador, fornecendo recomendações personalizadas, experiências imersivas e conteúdos interactivos adaptados às preferências e interesses individuais. Os sistemas de recomendação de conteúdos sugerem filmes, programas de televisão, música e artigos relevantes com base no histórico de visualização ou audição dos utilizadores, melhorando a descoberta e a participação nos conteúdos. As aplicações de RV e RA oferecem experiências imersivas e interactivas que transportam os utilizadores para ambientes virtuais, permitindo contar histórias, jogar e explorar de formas novas e emocionantes. As campanhas personalizadas de publicidade e marketing fornecem mensagens e promoções direccionadas que ressoam nos consumidores, aumentando as taxas de envolvimento e conversão.

Criação eficiente de conteúdos

A IA automatiza os processos de criação de conteúdos, simplifica os fluxos de trabalho de produção e acelera a entrega de conteúdos, tirando partido de algoritmos para gerar texto, imagens, áudio e vídeo em escala. Os algoritmos de PNL geram conteúdos escritos, como artigos de notícias, descrições de produtos e publicações em redes sociais, resumindo informações e gerando texto coerente. As ferramentas e plataformas baseadas em IA permitem aos criadores e artistas automatizar tarefas repetitivas, aumentar a criatividade e gerar conteúdos de alta qualidade de forma mais eficiente. A criação automatizada de conteúdos reduz o tempo de colocação no mercado, os custos de produção e os requisitos de recursos, permitindo que os criadores se concentrem na inovação e na narração de histórias.

Insights e tomada de decisões com base em dados

A análise de IA fornece informações baseadas em dados e inteligência acionável para informar estratégias de conteúdo, otimizar o envolvimento do público e medir o desempenho no entretenimento e nos media. Os algoritmos de IA analisam os dados dos utilizadores, o comportamento das audiências e as interacções com os conteúdos para identificar tendências, preferências e padrões de consumo. Os criadores, editores e distribuidores de conteúdos utilizam a análise baseada em IA para acompanhar o desempenho dos conteúdos, o envolvimento das audiências e a análise de sentimentos, permitindo a tomada de decisões baseada em dados e a otimização dos conteúdos. A análise preditiva com base em IA prevê a procura do público, antecipa tendências e informa as estratégias de aquisição e distribuição de conteúdos, maximizando o alcance do público e as oportunidades de receitas.

Monetização e geração de receitas

A IA permite novas oportunidades de monetização e fluxos de receitas para criadores de conteúdos, editores e distribuidores através de publicidade direccionada, serviços de subscrição e ofertas de conteúdos premium. A publicidade personalizada e as campanhas de marketing fornecem mensagens e promoções direccionadas que impulsionam o envolvimento, a conversão e as receitas da publicidade. Os modelos baseados em subscrição oferecem acesso a conteúdos premium, funcionalidades exclusivas e experiências personalizadas aos subscritores, gerando fluxos de receitas recorrentes e aumentando a fidelização dos clientes. Os sistemas de recomendação de conteúdos baseados em IA aumentam o consumo de conteúdos, a retenção e as impressões de anúncios, gerando receitas de publicidade e oportunidades de monetização para plataformas de conteúdos e editores.

Desafios e considerações

Privacidade e proteção de dados

As plataformas de entretenimento e media baseadas em IA levantam preocupações sobre a privacidade dos utilizadores, a proteção de dados e a utilização ética de informações pessoais para recomendação de conteúdos, direcionamento de publicidade e definição de perfis de audiências. Os sistemas de recomendação de conteúdos recolhem e analisam os dados, o comportamento e as preferências dos utilizadores para fornecer recomendações personalizadas, levantando questões sobre a privacidade, o consentimento e a transparência dos dados. A publicidade direccionada e as campanhas de marketing baseiam-se nos dados do utilizador e no rastreio comportamental para fornecer conteúdos e promoções relevantes, o que suscita preocupações sobre as práticas de recolha de dados e o consentimento do utilizador. A conformidade regulamentar, a governação de dados e a transparência são essenciais para resolver as preocupações com a privacidade e proteger os direitos dos utilizadores em plataformas de entretenimento e multimédia orientadas para a IA.

Preconceito e equidade algorítmica

Os algoritmos de IA utilizados no sector do entretenimento e dos meios de comunicação social podem apresentar enviesamentos e injustiças devido a dados de formação tendenciosos, algoritmos defeituosos ou consequências não intencionais na recomendação de conteúdos, na orientação da publicidade e na moderação de conteúdos. Os sistemas de recomendação de conteúdos podem reforçar estereótipos, preferências ou preconceitos existentes, conduzindo a bolhas de filtragem, câmaras de eco e resultados discriminatórios. As campanhas publicitárias direccionadas podem, inadvertidamente, perpetuar preconceitos ou discriminação com base em características demográficas, interesses ou comportamentos. Os algoritmos de moderação de conteúdos podem não conseguir detetar e tratar com exatidão conteúdos nocivos ou ofensivos, conduzindo à censura, à desinformação ou a consequências não intencionais. Os princípios éticos da IA, a diversidade, a equidade e a inclusão são essenciais para lidar com o enviesamento algorítmico e promover a justiça, a transparência e a responsabilidade nas plataformas de entretenimento e multimédia.

Qualidade e autenticidade

Os conteúdos gerados por IA e as tecnologias deepfake suscitam preocupações quanto à qualidade, autenticidade e fiabilidade dos meios digitais, incluindo texto, imagens, áudio e vídeo. Os algoritmos de IA podem gerar conteúdos sintéticos que imitam o comportamento, as vozes e as aparências humanas, tornando difícil a distinção entre conteúdos reais e falsos. As tecnologias Deepfake podem criar imagens, vídeos e gravações de áudio manipulados que enganam os espectadores e espalham desinformação, levando a problemas de confiança e desafios de credibilidade nos meios digitais. A verificação da autenticidade dos conteúdos, a investigação forense digital e a literacia mediática são essenciais para responder às preocupações com a qualidade, a autenticidade e a fiabilidade dos conteúdos gerados por IA e a deteção de deepfake.

Implicações éticas e sociais

O entretenimento e os meios de comunicação social impulsionados pela IA levantam implicações éticas e sociais relacionadas com a criação, distribuição, consumo e impacto na sociedade dos conteúdos. Os algoritmos de IA podem influenciar o comportamento, as opiniões e as percepções dos utilizadores através de recomendações de conteúdos personalizados, publicidade direccionada e filtragem algorítmica, moldando o discurso público e as normas culturais. Os conteúdos gerados por IA e as tecnologias "deepfake" suscitam preocupações sobre a desinformação, a manipulação e o engano nos meios de comunicação digitais, minando a confiança, a credibilidade e a integridade das plataformas em linha. As considerações éticas, a transparência e a responsabilização são essenciais para responder às preocupações sobre a criação e a distribuição de conteúdos baseados em IA,

CAPÍTULO 4

Impactos económicos da IA

Sudesh Singh

Departamento de Informática

NIET, Greater Noida, Uttar Pradesh, Índia

Jyoti Kataria

Escola de Engenharia e Tecnologia

K. R. Mangalam University, Gurugram, Haryana, Índia

Introdução

A Inteligência Artificial (IA) está a transformar a força de trabalho global, automatizando tarefas repetitivas, aumentando a produtividade e impulsionando a inovação em vários sectores. No entanto, o aumento da automatização impulsionada pela IA também suscitou preocupações sobre a deslocação de postos de trabalho e o seu impacto no emprego. Este capítulo explora as implicações da automatização impulsionada pela IA no mercado de trabalho, centrando-se no potencial de deslocação de postos de trabalho, nos tipos de postos de trabalho mais em risco e nas estratégias para mitigar os impactos negativos nos trabalhadores e na sociedade.

A natureza da automatização baseada em IA

Automatização de tarefas de rotina

A automatização baseada na IA envolve a utilização de algoritmos de aprendizagem automática, robótica e análises avançadas para realizar tarefas que eram tradicionalmente efectuadas por seres humanos. Estas tarefas incluem frequentemente actividades repetitivas, rotineiras e previsíveis que podem ser facilmente codificadas e executadas por máquinas. Por exemplo, os algoritmos de IA podem automatizar a introdução de dados, o processamento de transacções e os pedidos de informação do serviço de apoio ao cliente, enquanto a robótica pode lidar com tarefas de linhas de montagem, embalagem e operações logísticas.

Aumentar a eficiência e a produtividade

A automatização baseada na IA aumenta a eficiência e a produtividade, reduzindo os erros, acelerando os processos e optimizando a utilização dos recursos. Na indústria transformadora, os robots alimentados por IA podem trabalhar 24 horas por dia sem pausas, aumentando a produção e reduzindo os custos de produção. No sector financeiro, os algoritmos de IA podem analisar grandes quantidades de dados em tempo real, fornecendo informações e recomendações que melhoram a tomada de decisões e as estratégias de investimento.

Transformar os processos empresariais

A automatização impulsionada pela IA está a transformar os processos empresariais, permitindo novas formas de trabalhar e criando oportunidades de inovação. Por exemplo, os chatbots e os assistentes virtuais alimentados por IA estão a revolucionar o serviço de apoio ao cliente, fornecendo apoio instantâneo e interacções personalizadas. Nos cuidados de saúde, os algoritmos de IA estão a ajudar nos diagnósticos, no planeamento do tratamento e na monitorização dos pacientes, conduzindo a melhores resultados e a custos reduzidos.

Deslocação de empregos e profissões de risco

Impacto nos empregos pouco qualificados

A automatização impulsionada pela IA representa um risco significativo para os empregos pouco qualificados que envolvem tarefas rotineiras, manuais e repetitivas. Os empregos na indústria transformadora, no retalho e na logística são particularmente vulneráveis, uma vez que estas indústrias dependem fortemente do trabalho manual para tarefas como a montagem, a embalagem e a gestão de inventários. Por exemplo, a introdução de robots alimentados por IA nos armazéns pode deslocar trabalhadores que executam tarefas como a recolha, a embalagem e a triagem.

Ameaça aos empregos de qualificação média

Os empregos de qualificação intermédia que envolvem tarefas cognitivas, administrativas e de escritório também correm o risco de serem deslocados devido à automatização baseada na IA. Funções como escriturários de entrada de dados, contabilistas e representantes do serviço de apoio ao cliente podem ser automatizadas utilizando algoritmos de IA e automação de processos robóticos (RPA). Por exemplo, os chatbots alimentados por IA podem tratar dos pedidos de informação dos clientes, reduzindo a necessidade de agentes humanos de apoio ao cliente.

Desafios para os empregos altamente qualificados

Embora os empregos altamente qualificados que exigem criatividade, pensamento crítico e resolução de problemas complexos sejam menos susceptíveis à automatização, não são totalmente imunes. A automatização impulsionada pela IA pode aumentar os empregos altamente qualificados, automatizando certos aspectos do seu trabalho, como a análise de dados, a geração de relatórios e a modelação preditiva. Por exemplo, os algoritmos de IA podem ajudar os advogados a analisar documentos jurídicos e a identificar jurisprudência relevante, reduzindo potencialmente a procura de pessoal paralegal.

Estratégias para atenuar a deslocação de postos de trabalho

Melhoria das qualificações e requalificação dos trabalhadores

Uma das estratégias mais eficazes para mitigar o impacto da deslocação de postos de trabalho é investir em programas de aperfeiçoamento e requalificação que preparem os trabalhadores para novas funções e oportunidades na economia impulsionada pela IA. Governos, instituições educacionais e empresas devem colaborar para fornecer programas de treinamento que equipem os trabalhadores com as habilidades necessárias para prosperar em um mercado de trabalho impulsionado pela tecnologia. Isto inclui literacia digital, análise de dados, programação e competências transversais, como a resolução de problemas e a adaptabilidade.

Promover a aprendizagem ao longo da vida

A aprendizagem ao longo da vida é essencial para que os trabalhadores se mantenham competitivos e adaptáveis num mercado de trabalho em evolução. Incentivar uma cultura de aprendizagem contínua e desenvolvimento profissional ajuda os trabalhadores a manterem-se actualizados com os avanços tecnológicos e as tendências da indústria. Os cursos em linha, as certificações e os workshops podem proporcionar oportunidades de aprendizagem flexíveis que se enquadram nos horários dos trabalhadores e respondem às suas necessidades específicas.

Criação de programas de transição

s programas de transição podem apoiar os trabalhadores que são deslocados pela automação impulsionada pela IA, fornecendo aconselhamento de carreira, serviços de colocação de emprego e assistência financeira. Esses programas podem ajudar os trabalhadores a navegar na transição para novas funções, indústrias ou planos de carreira. Por exemplo, os governos podem oferecer subsídios de desemprego, subsídios de reciclagem e assistência à relocalização para apoiar os trabalhadores na procura de novas oportunidades de emprego.

Fomentar a inovação e o espírito empresarial

A promoção da inovação e do empreendedorismo pode criar novas oportunidades de emprego e impulsionar o crescimento económico na economia impulsionada pela IA. Incentivar o desenvolvimento de novas indústrias, startups e pequenas empresas pode gerar oportunidades de emprego e estimular a atividade económica. Os governos podem fornecer financiamento, incentivos e apoio a centros de inovação, incubadoras e aceleradores que promovam o empreendedorismo e a inovação.

O papel da política e da regulamentação

Implementação de práticas de trabalho justas

Os formuladores de políticas devem implementar práticas e regulamentos trabalhistas justos que protejam os direitos dos trabalhadores e garantam um tratamento equitativo na economia impulsionada pela IA. Isso inclui o estabelecimento de padrões de salário mínimo, regulamentos de segurança do trabalhador e proteções de direitos trabalhistas para trabalhadores autônomos e autônomos. Garantir que os trabalhadores tenham acesso a benefícios como cuidados de saúde, planos de reforma e licenças pagas é essencial para promover a segurança económica e o bem-estar.

Incentivar a responsabilidade das empresas

As empresas têm a responsabilidade de considerar os impactos sociais e económicos da automação impulsionada pela IA na sua força de trabalho e comunidades. As iniciativas de responsabilidade corporativa podem incluir o investimento na formação e desenvolvimento dos funcionários, oferecendo apoio à transição para trabalhadores deslocados e promovendo a diversidade e a inclusão nas práticas de contratação. As empresas também podem adotar práticas éticas de IA, assegurando a transparência, a responsabilidade e a justiça nos seus sistemas de IA.

Apoiar a diversificação económica

A diversificação económica pode reduzir a vulnerabilidade das regiões e das indústrias à deslocação de postos de trabalho causada pela automatização impulsionada pela IA. Apoiar o desenvolvimento de diversas indústrias e sectores pode criar uma economia mais resiliente que oferece uma gama de oportunidades de emprego. Isto pode incluir o investimento em indústrias emergentes, como as energias renováveis, a biotecnologia e as indústrias criativas que tiram partido da IA e de outras tecnologias avançadas.

Novas oportunidades de emprego criadas pela IA

Embora a automatização impulsionada pela IA suscite preocupações quanto à deslocação de postos de trabalho, também cria novas oportunidades de emprego e transforma as funções existentes em vários sectores. A integração das tecnologias de IA está a impulsionar a procura de novas competências, a promover a inovação e a gerar emprego em sectores emergentes.

Funções emergentes na economia da IA

Cientistas e analistas de dados

Os cientistas e analistas de dados estão entre as funções mais procuradas na economia da IA. Estes profissionais são responsáveis pela recolha, análise e interpretação de grandes conjuntos de dados para extrair informações valiosas e informar a tomada de decisões. Os cientistas de dados utilizam algoritmos de aprendizagem automática, modelos estatísticos e técnicas de visualização de dados para descobrir padrões, tendências e correlações nos dados. Desempenham um papel crucial no desenvolvimento de aplicações de IA, na otimização de processos empresariais e na promoção da inovação em vários sectores.

Engenheiros de IA e de aprendizagem automática

Os engenheiros de IA e de aprendizagem automática concebem, desenvolvem e implementam algoritmos e sistemas de IA. Trabalham na criação de modelos de aprendizagem automática, na formação e teste de algoritmos e na implementação de soluções de IA em aplicações reais. Estes engenheiros possuem conhecimentos especializados em linguagens de programação, como Python e R, e têm um conhecimento profundo das estruturas e ferramentas de aprendizagem automática. O seu trabalho abrange vários domínios, incluindo o processamento de linguagem natural (PNL), a visão por computador, a robótica e os sistemas autónomos.

Engenheiros e técnicos de robótica

Os engenheiros e técnicos de robótica são responsáveis pela conceção, construção e manutenção de sistemas robóticos utilizados na indústria transformadora, nos cuidados de saúde, na logística e noutras indústrias. Estes profissionais trabalham no desenvolvimento de componentes de hardware e software, na integração de sensores e actuadores e na programação de robôs para a realização de tarefas específicas. Os engenheiros e técnicos de robótica desempenham um papel fundamental no avanço das tecnologias de automatização e permitem que os robôs trabalhem lado a lado com os seres humanos em vários ambientes.

Especialistas em ética e política de IA

À medida que as tecnologias de IA se tornam mais difundidas, a necessidade de especialistas em ética e políticas de IA está a aumentar. Estes profissionais abordam as implicações éticas, legais e sociais da IA, desenvolvendo directrizes, enquadramentos e políticas que promovem a utilização responsável da IA. Os especialistas em ética e políticas de IA trabalham com governos, organizações e organismos reguladores para garantir a transparência, a responsabilidade e a justiça nos sistemas de IA. Também se envolvem no discurso público e na defesa de causas para aumentar a consciencialização sobre os desafios éticos e as oportunidades da IA.

Especialistas em cibersegurança

A integração de tecnologias de IA em vários sectores aumenta a procura de especialistas em cibersegurança que possam proteger os sistemas e os dados de IA contra ciberameaças e ataques. Estes profissionais são responsáveis pela implementação de medidas de segurança, pela monitorização das redes e pela resposta a incidentes de segurança. Os especialistas em cibersegurança utilizam ferramentas e técnicas orientadas para a IA para detetar e mitigar ameaças, garantindo a integridade, a confidencialidade e a disponibilidade de sistemas e dados de IA.

Competências necessárias para oportunidades de emprego orientadas para a IA

Competências técnicas

As competências técnicas são essenciais para muitas funções profissionais orientadas para a IA, incluindo programação, análise de dados, aprendizagem automática e robótica. Os profissionais da economia da IA devem ser proficientes em linguagens de programação como Python, R e Java, e ter um forte conhecimento de estruturas de aprendizagem automática como TensorFlow, PyTorch e scikit-learn. Para além disso, o conhecimento da manipulação de dados, da análise estatística e do desenvolvimento de algoritmos é fundamental para as funções de ciência de dados, engenharia de IA e análise.

Competências analíticas e de resolução de problemas

As competências analíticas e de resolução de problemas são cruciais para os profissionais que trabalham com tecnologias de IA. Estas competências permitem aos indivíduos analisar dados complexos, identificar padrões e desenvolver soluções inovadoras para os desafios empresariais. As competências analíticas são particularmente importantes para cientistas de dados, analistas e engenheiros de aprendizagem automática que trabalham no desenvolvimento e otimização de modelos e algoritmos de IA.

Competências éticas e de pensamento crítico

As competências éticas e de pensamento crítico são essenciais para abordar as implicações éticas, jurídicas e sociais da IA. Os especialistas em ética e políticas de IA devem ser capazes de avaliar os potenciais impactos das tecnologias de IA, identificar dilemas éticos e desenvolver quadros que promovam uma utilização responsável da IA. Estas competências são também importantes para os profissionais noutras funções orientadas para a IA, uma vez que estes navegam pelas considerações éticas do seu trabalho e tomam decisões que se alinham com os valores e normas sociais.

Competências interpessoais e de comunicação

As competências interpessoais e de comunicação são vitais para colaborar com diversas equipas, partes interessadas e clientes na economia da IA. Os profissionais devem ser capazes de comunicar eficazmente conceitos técnicos complexos a públicos não técnicos, trabalhar em colaboração em equipas multidisciplinares e estabelecer relações com as partes interessadas. Estas competências são particularmente importantes para funções que envolvam interacções com clientes, gestão de projectos e defesa pública.

Crescimento económico e criação de emprego

Impulsionar a inovação e a produtividade

As tecnologias de IA impulsionam a inovação e a produtividade em vários sectores, conduzindo ao crescimento económico e à criação de emprego. Ao automatizar tarefas de rotina, otimizar processos e permitir a tomada de decisões baseadas em dados, a IA aumenta a eficiência e a competitividade em sectores como a indústria transformadora, os cuidados de saúde, as finanças e a logística. Isto, por sua vez, cria novas oportunidades de emprego na investigação, desenvolvimento, implementação e apoio à IA.

Promoção de novas indústrias e mercados

A IA promove o desenvolvimento de novas indústrias e mercados, gerando oportunidades de emprego em sectores emergentes. Por exemplo, o surgimento de veículos autónomos, cidades inteligentes e soluções de saúde digital cria procura de profissionais em engenharia de IA, robótica, planeamento urbano e tecnologia de cuidados de saúde. Além disso, o crescimento de startups e empresas tecnológicas orientadas para a IA contribui para a criação de emprego e para a diversificação económica.

Apoio às pequenas e médias empresas (PME)

As tecnologias de IA apoiam as pequenas e médias empresas (PME), fornecendo acesso a ferramentas e capacidades avançadas que aumentam a competitividade e a inovação. As soluções baseadas em IA permitem às PME otimizar as operações, melhorar as experiências dos clientes e desenvolver novos produtos e serviços. Isto cria oportunidades de emprego em consultoria de IA, implementação e apoio às PME que procuram tirar partido das tecnologias de IA.

Reforçar o desenvolvimento da força de trabalho

A integração das tecnologias de IA em vários sectores impulsiona a procura de programas de desenvolvimento da força de trabalho que preparem os indivíduos para novas funções e oportunidades de emprego. Os governos, as instituições de ensino e as empresas devem investir em iniciativas de formação e educação que equipem os trabalhadores com as competências necessárias para as oportunidades de emprego orientadas para a IA. Isto inclui o desenvolvimento de currículos, certificações e aprendizagens que se alinhem com as necessidades da indústria e as tecnologias emergentes.

Desafios e considerações

Colmatar o défice de competências

Um dos principais desafios para concretizar o potencial das oportunidades de emprego baseadas na IA é colmatar a lacuna de competências. Há uma procura crescente de profissionais com conhecimentos especializados em IA, ciência dos dados, aprendizagem automática e domínios conexos. Para colmatar esta lacuna de competências é necessário investir em programas de educação e formação, colaboração entre a indústria e o meio académico e iniciativas que promovam a educação STEM e a literacia digital.

Garantir um crescimento inclusivo

Garantir que os benefícios económicos das oportunidades de emprego impulsionadas pela IA sejam distribuídos de forma equitativa é fundamental para promover o crescimento inclusivo. Os formuladores de políticas e as empresas devem abordar as disparidades no acesso à educação, treinamento e oportunidades de emprego, particularmente para comunidades carentes e grupos marginalizados. Promover a diversidade e a inclusão na força de trabalho da IA é essencial para promover a inovação e garantir que as tecnologias de IA beneficiem todos os segmentos da sociedade.

Abordar as implicações éticas e sociais

As implicações éticas e sociais das oportunidades de emprego baseadas na IA devem ser cuidadosamente consideradas para promover um crescimento responsável e sustentável. Isto inclui a abordagem de questões relacionadas com a privacidade dos dados, o enviesamento algorítmico e a utilização ética das tecnologias de IA. O envolvimento no discurso público, o desenvolvimento de directrizes éticas e a promoção da transparência e da responsabilidade são essenciais para enfrentar estes desafios e criar confiança nas soluções baseadas na IA.

IA nas empresas e na indústria: Estudos de casos

A Inteligência Artificial (IA) tornou-se rapidamente uma pedra angular das empresas e indústrias modernas, impulsionando a inovação, melhorando a eficiência e permitindo a tomada de decisões baseadas em dados.

Estudo de caso 1: IA nos cuidados de saúde - IBM Watson Health

O IBM Watson Health exemplifica o poder transformador da IA nos cuidados de saúde. Ao tirar partido da IA e da aprendizagem automática, o IBM Watson Health fornece soluções para oncologia, genómica, correspondência de ensaios clínicos e muito mais. A plataforma analisa grandes quantidades de dados médicos para ajudar os profissionais de saúde a tomar decisões mais informadas, melhorando os resultados dos pacientes e reduzindo os custos.

Oncologia: O IBM Watson for Oncology ajuda os oncologistas a desenvolver planos personalizados de tratamento do cancro, analisando os dados dos pacientes e revendo a investigação médica mais recente. O sistema de IA avalia as opções de tratamento com base na condição específica do paciente e oferece recomendações baseadas em evidências.

Genómica: O IBM Watson for Genomics interpreta dados genéticos para identificar mutações e variantes associadas a diferentes tipos de cancro. O sistema fornece informações sobre as terapias direccionadas mais eficazes com base no perfil genético do doente.

Correspondência de ensaios clínicos: O IBM Watson Health simplifica o processo de correspondência entre doentes e ensaios clínicos adequados. O sistema de IA analisa os registos dos doentes e as bases de dados de ensaios clínicos para identificar os ensaios que melhor se adequam à condição médica e ao historial de tratamento do doente.

Melhoria da tomada de decisões: As informações baseadas em IA apoiam os oncologistas no desenvolvimento de planos de tratamento personalizados, conduzindo a melhores resultados para os pacientes.

Eficiência melhorada: Ao automatizar a análise de dados médicos, a IA reduz o tempo e o esforço necessários para que os médicos se mantenham actualizados com as mais recentes investigações e opções de tratamento.

Poupança de custos: O diagnóstico precoce e preciso e o planeamento do tratamento reduzem o custo global dos cuidados de saúde, minimizando tratamentos e hospitalizações desnecessários.

Estudo de caso 2: IA nas finanças - COiN do JPMorgan Chase

O JPMorgan Chase, uma das principais instituições financeiras do mundo, integrou a IA na sua plataforma Contract Intelligence (COiN). A COiN utiliza a aprendizagem automática para analisar documentos jurídicos e extrair pontos de dados críticos, melhorando significativamente a eficiência e a precisão dos processos de revisão de documentos.

Análise de documentos: O COiN é utilizado para rever e analisar documentos jurídicos, tais como contratos e acordos. O sistema de IA identifica e extrai informações essenciais, como cláusulas, termos e obrigações, de milhares de documentos numa fração do tempo que uma equipa humana levaria.

Ganhos de eficiência: A COiN pode rever 12.000 contratos de crédito comercial em segundos, uma tarefa que levaria cerca de 360.000 horas aos revisores manuais. Isto reduz drasticamente o tempo necessário para o processamento de documentos e liberta recursos humanos para tarefas mais complexas.

Redução de custos: A automatização dos processos de revisão de documentos com IA reduz os custos de mão de obra e minimiza o risco de erro humano, conduzindo a resultados mais precisos e fiáveis.

Conformidade melhorada: A IA garante que os pontos de dados críticos são capturados e analisados com precisão, apoiando a conformidade regulamentar e reduzindo o risco de disputas legais.

Estudo de caso 3: IA no retalho - Recomendações personalizadas da Amazon

O motor de recomendação da Amazon é um excelente exemplo do impacto da IA no sector do retalho. Ao utilizar algoritmos de aprendizagem automática para analisar o comportamento e as preferências dos clientes, a Amazon fornece recomendações de produtos personalizadas, melhorando a experiência de compra e impulsionando as vendas.

Recomendações personalizadas: O sistema de IA da Amazon analisa uma vasta gama de dados, incluindo o histórico de navegação, o histórico de compras e as classificações de produtos, para sugerir produtos adaptados às preferências de cada cliente.

Segmentação de clientes: O sistema de IA segmenta os clientes em diferentes grupos com base no seu comportamento e preferências, permitindo à Amazon direcionar segmentos específicos com campanhas de marketing e promoções personalizadas.

Aumento das vendas: As recomendações personalizadas aumentam significativamente as taxas de conversão, apresentando aos clientes os produtos que têm maior probabilidade de comprar.

Melhoria da experiência do cliente: Os clientes beneficiam de uma experiência de compra mais relevante e envolvente, levando a uma maior satisfação e lealdade.

Insights orientados por dados: A Amazon obtém informações valiosas sobre o comportamento dos clientes e as tendências do mercado, permitindo a tomada de decisões com base em dados e uma gestão de inventário mais eficaz.

Estudo de caso 4: IA na indústria transformadora - Manutenção preditiva da Siemens

A Siemens, líder mundial em automação industrial e digitalização, utiliza a IA na manutenção preditiva para aumentar a fiabilidade e a eficiência das suas operações de fabrico. A manutenção preditiva utiliza algoritmos de IA para prever falhas no equipamento e programar a manutenção antes da ocorrência de problemas.

Análise preditiva: A Siemens utiliza a IA para analisar dados de sensores e dispositivos IoT instalados em máquinas. O sistema de IA detecta padrões e anomalias que indicam potenciais falhas no equipamento.

Programação da manutenção: Com base em informações preditivas, as actividades de manutenção são programadas de forma proactiva, evitando períodos de inatividade não planeados e prolongando a vida útil do equipamento.

Redução do tempo de inatividade: A manutenção preditiva minimiza o tempo de inatividade não planeado, identificando problemas antes de estes conduzirem a falhas do equipamento, assegurando uma produção contínua e eficiente.

Poupança de custos: A manutenção proactiva reduz os custos de reparação e prolonga a vida útil das máquinas, resultando em poupanças de custos significativas para os fabricantes.

Melhoria da eficiência operacional: Ao manter o equipamento em condições óptimas, os fabricantes conseguem uma maior eficiência operacional e produtividade.

Benefícios económicos e desafios da integração da IA

A integração da Inteligência Artificial (IA) em vários sectores da economia traz benefícios económicos significativos, incluindo o aumento da produtividade, a inovação e o crescimento económico. No entanto, também apresenta desafios, como a deslocação de postos de trabalho, a desigualdade e preocupações éticas.

Benefícios económicos da integração da IA

Aumento da produtividade e da eficiência

As tecnologias de IA aumentam a produtividade e a eficiência através da automatização de tarefas repetitivas, da otimização de processos e da tomada de decisões baseadas em dados. A automatização reduz o tempo e o esforço necessários para executar tarefas de rotina, permitindo que as empresas atribuam recursos de forma mais eficaz. Por exemplo, a automação de processos robóticos (RPA) alimentada por IA simplifica as tarefas administrativas, libertando os funcionários para se concentrarem em actividades de maior valor. Na indústria transformadora, a manutenção preditiva baseada em IA reduz o tempo de inatividade e melhora a eficiência operacional.

Inovação e novos modelos de negócio

A IA impulsiona a inovação ao permitir o desenvolvimento de novos produtos, serviços e modelos de negócio. As ferramentas e plataformas baseadas em IA fornecem às empresas conhecimentos e capacidades que anteriormente eram inatingíveis. Por exemplo, os algoritmos de IA analisam grandes quantidades de dados para identificar tendências, prever o comportamento dos clientes e otimizar as estratégias de marketing. A IA também promove a criação de novos modelos de negócio, como o AI-as-a-Service (AIaaS), que permite às empresas aceder a capacidades de IA sem um investimento inicial significativo.

Crescimento económico e competitividade

A IA contribui para o crescimento económico ao reforçar a competitividade das indústrias e das empresas. Os países e as empresas que tiram efetivamente partido das tecnologias de IA ganham uma vantagem competitiva no mercado global. As inovações impulsionadas pela IA criam novos mercados e oportunidades, atraindo investimento e impulsionando a expansão económica. Por exemplo, o desenvolvimento de veículos autónomos, cidades inteligentes e soluções digitais de saúde gera atividade económica e criação de emprego em sectores emergentes.

Experiências de cliente melhoradas

A IA melhora as experiências dos clientes ao proporcionar interacções personalizadas e sem descontinuidades em vários pontos de contacto. Os sistemas de recomendação, os chatbots e os assistentes virtuais com tecnologia de IA oferecem sugestões de produtos personalizadas, suporte instantâneo e prestação de serviços eficiente. Estas experiências melhoradas aumentam a satisfação, a lealdade e a retenção do cliente, impulsionando, em última análise, o crescimento e a rentabilidade do negócio.

Redução de custos e otimização de recursos

A IA permite a redução de custos e a otimização de recursos, melhorando a eficiência operacional e reduzindo o desperdício. Por exemplo, a gestão da cadeia de abastecimento baseada em IA optimiza os níveis de inventário, reduz os custos de transporte e minimiza as rupturas de stock. Nos cuidados de saúde, os algoritmos de IA ajudam no diagnóstico precoce e no planeamento do tratamento, reduzindo os custos médicos e melhorando os resultados para os pacientes. As empresas beneficiam de custos operacionais mais baixos e de uma melhor utilização dos recursos, o que conduz a uma maior rentabilidade.

Desafios da integração da IA

Deslocação de empregos e transformação da força de trabalho

Um dos principais desafios da integração da IA é o potencial para a deslocação de empregos e a transformação da força de trabalho. A automatização impulsionada pela IA pode substituir tarefas rotineiras, manuais e repetitivas, levando à perda de postos de trabalho em determinados sectores. Os trabalhadores em funções pouco ou mal qualificadas são particularmente vulneráveis à deslocação. Para enfrentar este desafio, é necessário investir em programas de requalificação e requalificação para preparar os trabalhadores para novas funções e oportunidades na economia impulsionada pela IA.

Desigualdade e fratura digital

A integração da IA pode exacerbar a desigualdade e o fosso digital se não for gerida de forma inclusiva. O acesso às tecnologias e oportunidades de

IA pode ser distribuído de forma desigual, favorecendo indivíduos e regiões com melhor educação, infra-estruturas e recursos. Garantir um acesso equitativo à educação, à formação e às oportunidades de emprego no domínio da IA é crucial para promover o crescimento inclusivo e prevenir as disparidades sociais e económicas.

Preocupações éticas e jurídicas

A integração da IA suscita preocupações éticas e jurídicas relacionadas com a privacidade, os preconceitos, a responsabilidade e a transparência. Os sistemas de IA podem, inadvertidamente, perpetuar preconceitos presentes nos dados de treino, conduzindo a resultados injustos e discriminatórios. Garantir que as tecnologias de IA são desenvolvidas e implementadas de forma ética requer quadros de governação robustos, orientações éticas e supervisão regulamentar. Abordar estas preocupações é essencial para criar confiança e garantir a utilização responsável da IA.

Riscos de segurança e privacidade

A integração da IA introduz riscos de segurança e privacidade, uma vez que os sistemas de IA processam e analisam grandes quantidades de dados sensíveis. A proteção da privacidade dos dados e a segurança dos sistemas de IA contra ameaças cibernéticas são desafios críticos. As organizações têm de implementar medidas de segurança rigorosas, protocolos de encriptação e práticas de governação de dados para salvaguardar os dados e manter a confiança dos utilizadores. Garantir a conformidade com os regulamentos de proteção de dados é também essencial para mitigar os riscos de privacidade.

Desafios regulamentares e políticos

O rápido avanço das tecnologias de IA coloca desafios regulamentares e políticos. Os governos e os organismos reguladores devem desenvolver quadros que equilibrem a inovação com considerações éticas, de segurança e de interesse público. O estabelecimento de directrizes e normas claras para o desenvolvimento, implantação e utilização da IA é crucial para garantir a transparência, a responsabilidade e a justiça. Os decisores políticos devem também abordar questões relacionadas com a propriedade intelectual, a responsabilidade e as implicações éticas da IA.

Estratégias para maximizar os benefícios e atenuar os desafios

Investir na educação e na formação

Investir na educação e na formação é essencial para preparar a força de trabalho para as oportunidades de emprego impulsionadas pela IA. Governos, instituições educacionais e empresas devem colaborar para desenvolver currículos, certificações e programas de treinamento que equipem os indivíduos com as habilidades necessárias para a economia da IA. Promover a educação STEM, a literacia digital e as iniciativas de aprendizagem ao longo da vida é fundamental para colmatar o défice de competências e promover uma força de trabalho competitiva.

Promover o crescimento inclusivo

A promoção do crescimento inclusivo requer a garantia de um acesso equitativo às tecnologias de IA, à educação e às oportunidades de emprego. Os formuladores de políticas e as empresas devem abordar as disparidades no acesso a recursos e oportunidades, particularmente para comunidades carentes e grupos marginalizados. As iniciativas que apoiam a diversidade e a inclusão na força de trabalho da IA, como bolsas de estudo, programas de orientação e esforços de divulgação, são essenciais para promover a inovação e garantir que a IA beneficie todos os segmentos da sociedade.

Desenvolvimento de quadros éticos e regulamentares

O desenvolvimento de quadros éticos e regulamentares é crucial para abordar as implicações éticas, legais e sociais da IA. Os governos, os líderes da indústria e as partes interessadas devem colaborar para estabelecer directrizes e normas que promovam o desenvolvimento e a utilização responsáveis da IA. Estes quadros devem abordar questões relacionadas com o preconceito, a transparência, a responsabilidade e a privacidade, assegurando que as tecnologias de IA são utilizadas de forma ética e no interesse público.

Reforço das medidas de segurança e privacidade

O reforço das medidas de segurança e privacidade é essencial para proteger os sistemas e dados de IA contra ciberameaças e garantir a confiança dos utilizadores. As organizações devem implementar protocolos de segurança robustos, técnicas de encriptação e práticas de governação de dados para salvaguardar os dados. A conformidade com os regulamentos de proteção de dados, como o GDPR e a CCPA, também é fundamental para mitigar os riscos de privacidade e manter a confiança do utilizador.

CAPÍTULO 5

Considerações éticas e jurídicas

Jyoti Kataria

Escola de Engenharia e Tecnologia

K. R. Mangalam University, Gurugram, Haryana, Índia

Dhiraj Singh Rawat

Departamento de Informática

NIET, Greater Noida, Uttar Pradesh, Índia

Introdução

A Inteligência Artificial (IA) revolucionou numerosos sectores, aumentando a eficiência, permitindo a análise avançada de dados e automatizando tarefas de rotina. No entanto, à medida que as tecnologias de IA avançam, também levantam dilemas éticos significativos. Estes dilemas giram em torno do impacto da IA no emprego, na privacidade, na tomada de decisões e nas normas sociais. A resolução destas preocupações éticas é crucial para garantir que as tecnologias de IA são desenvolvidas e utilizadas de forma responsável.

Autonomia e controlo

Um dos principais dilemas éticos no desenvolvimento da IA é o equilíbrio entre autonomia e controlo. Os sistemas de IA, especialmente os que são capazes de aprender e tomar decisões, podem funcionar com um grau de autonomia que desafia as noções tradicionais de controlo e responsabilidade. Por exemplo, os veículos autónomos devem tomar decisões em tempo real sem intervenção humana, o que levanta questões sobre a responsabilidade em caso de acidente.

Os programadores e os decisores políticos devem refletir sobre o grau de autonomia que deve ser concedido aos sistemas de IA e em que circunstâncias é necessária a intervenção humana. Para atenuar os riscos associados à autonomia da IA, é essencial garantir que os sistemas de IA disponham de mecanismos de segurança e que os seres humanos continuem a controlar as decisões críticas.

Transparência e explicabilidade

A transparência e a explicabilidade são considerações éticas cruciais no desenvolvimento da IA. Muitos sistemas de IA, nomeadamente os baseados na aprendizagem profunda, funcionam como "caixas negras" em que o processo de tomada de decisões não é facilmente compreendido, mesmo pelos seus criadores. Esta falta de transparência pode levar à desconfiança e à relutância em adotar tecnologias de IA, especialmente em áreas críticas como os cuidados de saúde, as finanças e a justiça penal.

Para resolver este problema, os criadores devem dar prioridade à criação de sistemas de IA que sejam explicáveis e transparentes. Isto implica conceber algoritmos que possam fornecer informações sobre a forma como as decisões são tomadas e garantir que os sistemas de IA possam ser auditados e compreendidos por humanos. Os sistemas de IA transparentes ajudam a criar confiança e permitem que os utilizadores responsabilizem a IA pelas suas decisões.

Utilização ética dos dados

Os sistemas de IA dependem fortemente de dados para a sua formação e funcionamento, o que suscita preocupações éticas sobre a obtenção, utilização e proteção de dados. A recolha e utilização de dados sem consentimento, ou a utilização de dados de formas que os indivíduos não previram, pode conduzir a violações éticas significativas. Por exemplo, a utilização de dados pessoais para treinar modelos de IA sem consentimento explícito viola os direitos de privacidade das pessoas.

Os programadores devem aderir a directrizes éticas para a utilização de dados, incluindo a obtenção de consentimento informado, a anonimização dos dados para proteger a privacidade e a garantia de que os dados são utilizados para fins legítimos e éticos. As práticas éticas em matéria de dados são fundamentais para manter a integridade dos sistemas de IA e respeitar os direitos dos indivíduos.

Preconceitos e discriminação

Os sistemas de IA podem, inadvertidamente, perpetuar e até amplificar os preconceitos existentes nos dados de treino. O enviesamento na IA pode levar a resultados discriminatórios em áreas como a contratação, a aplicação da lei e a concessão de empréstimos. Por exemplo, uma ferramenta de contratação de IA treinada em dados históricos tendenciosos pode favorecer certos dados demográficos em detrimento de outros, levando a práticas de contratação injustas.

O combate ao enviesamento requer uma abordagem multifacetada, incluindo a seleção cuidadosa e o pré-processamento dos dados de treino, a monitorização e avaliação contínuas dos sistemas de IA e a implementação de algoritmos conscientes da equidade. Os programadores e as organizações devem comprometer-se a criar sistemas de IA que promovam a justiça e a equidade.

Impacto no emprego

A adoção generalizada de tecnologias de IA tem implicações significativas para o emprego. A automatização e os sistemas orientados para a IA podem deslocar trabalhadores, especialmente em sectores que dependem fortemente de tarefas de rotina. Esta deslocação suscita preocupações éticas sobre o impacto económico e social nos trabalhadores e nas comunidades afectadas.

Os decisores políticos e as empresas devem considerar estratégias para mitigar o impacto negativo da IA no emprego, tais como investir em programas de requalificação e melhoria de competências, promover a criação de emprego em domínios relacionados com a IA e apoiar os trabalhadores durante as transições. Garantir que os benefícios da IA são distribuídos de forma equitativa é crucial para resolver o dilema ético da deslocação de postos de trabalho.

Conceção ética da IA

A conceção ética dos sistemas de IA implica a integração de considerações éticas no processo de conceção e desenvolvimento. Isto inclui garantir que os sistemas de IA são concebidos para melhorar o bem-estar humano, proteger a privacidade e promover a justiça. A conceção ética da IA também implica o envolvimento de diversas partes interessadas, incluindo especialistas em ética, sociólogos e comunidades afectadas, no processo de desenvolvimento.

Preconceito e equidade nos algoritmos de IA

À medida que os algoritmos de IA se tornam cada vez mais parte integrante dos processos de tomada de decisão em vários sectores, as preocupações com o enviesamento e a equidade passaram para primeiro plano. Os preconceitos nos algoritmos de IA podem conduzir a resultados discriminatórios e reforçar as desigualdades existentes. Garantir a equidade nos sistemas de IA é essencial para promover a equidade e a justiça nas suas aplicações.

Fontes de preconceitos na IA

O enviesamento nos algoritmos de IA pode ter várias origens, incluindo os dados utilizados para treinar os modelos, a conceção dos próprios algoritmos e o contexto em que os sistemas de IA são implantados.

Dados de treino: O enviesamento tem frequentemente origem nos dados de formação utilizados para desenvolver modelos de IA. Se os dados reflectirem desigualdades ou preconceitos históricos, o sistema de IA irá provavelmente reproduzir esses preconceitos. Por exemplo, um sistema de reconhecimento facial treinado num conjunto de dados com diversidade limitada pode ter um desempenho fraco em indivíduos de grupos sub-representados.

Conceção do algoritmo: A conceção e a implementação de algoritmos podem introduzir enviesamentos. Certas escolhas algorítmicas, como a seleção de características ou a definição de critérios de sucesso, podem conduzir a resultados tendenciosos. Além disso, os objectivos de otimização do algoritmo podem não estar alinhados com os objectivos de equidade.

Contexto de implementação: O contexto em que os sistemas de IA são implementados também pode contribuir para o enviesamento. Por exemplo, um sistema de IA concebido para uma população específica pode não se generalizar bem a outras populações, conduzindo a resultados enviesados em diferentes contextos.

Impacto do preconceito

O enviesamento nos algoritmos de IA pode ter impactos negativos significativos, nomeadamente em áreas como a contratação, a justiça penal, os cuidados de saúde e os empréstimos. Estes impactos incluem:

Práticas discriminatórias: Os sistemas de IA tendenciosos podem reforçar e perpetuar práticas discriminatórias. Por exemplo, algoritmos de contratação tendenciosos podem favorecer certos grupos demográficos em detrimento de outros, levando a oportunidades de emprego desiguais.

Tratamento injusto: O preconceito pode resultar num tratamento injusto de indivíduos com base na raça, sexo, idade ou outras características. No domínio da justiça penal, os instrumentos de avaliação de risco tendenciosos podem conduzir a sentenças desproporcionadamente mais severas para determinados grupos.

Perda de confiança: Os sistemas de IA tendenciosos podem minar a confiança do público na tecnologia e nas instituições. Quando os indivíduos consideram os sistemas de IA injustos ou discriminatórios, é menos provável que confiem e adoptem essas tecnologias.

Estratégias para atenuar os preconceitos

Para garantir a equidade nos algoritmos de IA, podem ser utilizadas várias estratégias:

Dados diversificados e representativos: Garantir que os dados da formação são diversificados e representativos da população é crucial para reduzir os preconceitos. Isto implica a recolha de dados de uma vasta gama de fontes e a garantia de que todos os grupos demográficos estão adequadamente representados.

Deteção e atenuação de enviesamentos: A implementação de técnicas para detetar e mitigar o enviesamento durante o desenvolvimento e a implementação de sistemas de IA é essencial. Isto inclui a utilização de algoritmos conscientes da equidade, a realização de auditorias de parcialidade e a monitorização contínua do desempenho dos sistemas de IA.

IA transparente e explicável: A transparência e a explicabilidade são fundamentais para identificar e combater os preconceitos nos sistemas de

IA. Tornar os algoritmos de IA e os seus processos de tomada de decisão transparentes permite às partes interessadas compreender como as decisões são tomadas e identificar potenciais enviesamentos.

Conceção ética da IA: Integrar considerações éticas no processo de conceção e desenvolvimento ajuda a garantir que os sistemas de IA promovem a justiça e a equidade. Isto inclui o envolvimento de diversas partes interessadas no processo de desenvolvimento e a adoção de orientações e quadros éticos.

Avaliação regular e responsabilização: Avaliar regularmente o desempenho dos sistemas de IA e responsabilizar os criadores por resultados tendenciosos é crucial para manter a equidade. Isto implica a criação de mecanismos de avaliação e melhoria contínuas dos sistemas de IA.

Estudos de caso

Algoritmos de contratação

Várias empresas implementaram algoritmos de contratação baseados em IA para simplificar os processos de recrutamento. No entanto, estes algoritmos foram alvo de críticas por perpetuarem preconceitos presentes em dados históricos de contratação. Por exemplo, verificou-se que uma ferramenta de contratação de IA desenvolvida pela Amazon favorecia os candidatos do sexo masculino em detrimento das candidatas do sexo feminino, porque os dados de formação eram tendenciosos em relação aos currículos apresentados por homens.

Para resolver este problema, as empresas têm de garantir que os seus dados de formação são diversificados e isentos de preconceitos. Para além disso, a implementação de algoritmos conscientes da equidade e a realização de auditorias regulares aos enviesamentos podem ajudar a identificar e mitigar os resultados enviesados.

Justiça penal

Os algoritmos de IA são cada vez mais utilizados no domínio da justiça penal para tarefas como a avaliação de riscos e a condenação. No entanto, os algoritmos enviesados podem conduzir a resultados discriminatórios, nomeadamente contra grupos minoritários. Por exemplo, a ferramenta de avaliação de risco COMPAS tem sido criticada por produzir classificações de risco tendenciosas que rotulam desproporcionadamente os arguidos afro-americanos como sendo de alto risco. Para garantir a equidade dos algoritmos da justiça penal, é necessário utilizar dados diversificados e representativos, avaliar regularmente o desempenho dos algoritmos e implementar medidas de transparência e responsabilização.

Cuidados de saúde

Nos cuidados de saúde, os algoritmos de IA são utilizados para o diagnóstico, o planeamento do tratamento e a previsão dos resultados dos doentes. No entanto, os enviesamentos nos dados de formação podem conduzir a disparidades na prestação de cuidados de saúde. Por exemplo, um sistema de IA para prever os resultados dos doentes pode ter um desempenho inferior para grupos minoritários se os dados de formação não forem diversificados. Abordar a questão dos enviesamentos na IA dos cuidados de saúde implica recolher dados diversificados e representativos, envolver diversas partes interessadas no processo de desenvolvimento e monitorizar e melhorar continuamente o desempenho dos sistemas de IA.

Preocupações com a privacidade e proteção de dados

A integração da Inteligência Artificial (IA) em vários aspetos da sociedade tem suscitado preocupações significativas em matéria de privacidade e desafios relacionados com a proteção de dados. Os sistemas de IA dependem de grandes quantidades de dados para funcionarem eficazmente, incluindo frequentemente informações pessoais e sensíveis. Garantir a privacidade e a segurança destes dados é crucial para manter a confiança do público e cumprir as normas legais e éticas.

Preocupações com a privacidade na IA

Recolha e utilização de dados

Os sistemas de IA requerem uma grande quantidade de dados para aprender e tomar decisões, o que muitas vezes exige a recolha de informações pessoais. Este facto suscita preocupações quanto à forma como os dados são recolhidos, utilizados e armazenados. Por exemplo, as plataformas das redes sociais recolhem grandes quantidades de dados dos utilizadores para treinar algoritmos de recomendação, o que pode violar a privacidade dos utilizadores se as práticas de recolha de dados não forem transparentes e consensuais.

Segurança dos dados

A segurança dos dados utilizados pelos sistemas de IA é uma preocupação fundamental. As violações de dados e o acesso não autorizado podem expor informações sensíveis, levando ao roubo de identidade, perda financeira e outros danos. Garantir medidas robustas de segurança de dados é essencial para proteger as informações pessoais contra ameaças cibernéticas.

Vigilância e controlo

As tecnologias de IA, como o reconhecimento facial e os sistemas de vigilância, podem levar a um maior controlo das pessoas em espaços públicos e privados. Embora estas tecnologias possam aumentar a segurança e a eficiência, também suscitam preocupações quanto à vigilância, à perda de anonimato e à possibilidade de utilização indevida por parte de governos e organizações.

Inferência e definição de perfis

Os sistemas de IA podem inferir informações sensíveis sobre indivíduos com base na análise de dados, mesmo que essas informações não tenham sido explicitamente fornecidas. Por exemplo, os algoritmos de IA podem prever o estado de saúde, as opiniões políticas ou as preferências pessoais de um indivíduo a partir de dados aparentemente inócuos. Esta capacidade suscita preocupações sobre a definição de perfis e a possibilidade de discriminação com base em características inferidas.

Medidas de proteção de dados

Minimização de dados

A minimização de dados é um princípio fundamental da proteção de dados que envolve a recolha apenas dos dados necessários para uma finalidade específica. Ao limitar a quantidade de dados recolhidos, as organizações podem reduzir o risco de violações de privacidade e proteger as informações pessoais dos indivíduos. A implementação de práticas de minimização de dados ajuda a garantir que os sistemas de IA operam dentro de limites éticos e legais.

Anonimização e Pseudonimização

A anonimização e a pseudonimização são técnicas utilizadas para proteger os dados pessoais através da remoção ou alteração das informações de identificação. A anonimização envolve a transformação de dados para que os indivíduos não possam ser identificados, enquanto a pseudonimização substitui as informações de identificação por pseudónimos. Estas técnicas podem ajudar a proteger a privacidade e, ao mesmo tempo, permitir que os dados sejam utilizados para formação e análise de IA.

Consentimento e transparência

Obter o consentimento informado dos indivíduos antes de recolher e utilizar os seus dados é um aspeto fundamental da proteção de dados. As organizações devem ser transparentes quanto às suas práticas de recolha de dados, informando os indivíduos sobre os dados que estão a ser recolhidos, como serão utilizados e com quem serão partilhados. Garantir a transparência e obter o consentimento ajuda a criar confiança e a respeitar os direitos de privacidade dos indivíduos.

Segurança e encriptação de dados

A implementação de medidas robustas de segurança de dados é essencial para proteger as informações pessoais contra o acesso não autorizado e violações. Isto inclui a utilização de encriptação para proteger os dados em trânsito e em repouso, a implementação de controlos de acesso e a auditoria regular das práticas de segurança. Garantir a segurança dos dados ajuda a salvaguardar informações sensíveis e a evitar violações da privacidade.

Conformidade com os regulamentos de proteção de dados

O cumprimento dos regulamentos de proteção de dados, como o Regulamento Geral de Proteção de Dados (GDPR) e a Lei de Privacidade do Consumidor da Califórnia (CCPA), é crucial para garantir a conformidade legal e proteger a privacidade dos indivíduos. Estes regulamentos estabelecem normas para a recolha, utilização e proteção de dados, fornecendo directrizes a seguir pelas organizações. A conformidade com os regulamentos de proteção de dados ajuda a garantir que os sistemas de IA operem dentro de estruturas legais e éticas.

Estudos de caso

Dados sobre cuidados de saúde

No sector dos cuidados de saúde, os sistemas de IA são utilizados para o diagnóstico, o planeamento do tratamento e o acompanhamento dos doentes. No entanto, a utilização de dados de saúde sensíveis suscita preocupações significativas em termos de privacidade. Garantir que os dados dos doentes são anonimizados e armazenados de forma segura é fundamental para proteger a privacidade. Além disso, obter o consentimento informado dos pacientes antes de utilizar os seus dados para fins de IA ajuda a garantir a conformidade ética e legal.

Cidades inteligentes

As cidades inteligentes utilizam a IA para otimizar as infra-estruturas, aumentar a segurança e melhorar os serviços públicos. No entanto, a extensa recolha de dados necessária para estes sistemas, incluindo imagens de vigilância e dados de sensores, levanta questões de privacidade. A implementação de práticas de minimização de dados, a anonimização dos dados recolhidos e a garantia de políticas transparentes de utilização de dados são essenciais para proteger a privacidade nas cidades inteligentes.

Redes sociais

As plataformas de redes sociais utilizam algoritmos de IA para analisar os dados dos utilizadores e fornecer conteúdos personalizados. Esta extensa recolha de dados suscita preocupações sobre a privacidade e a segurança dos dados. As plataformas devem implementar medidas robustas de proteção de dados, obter o consentimento informado dos utilizadores e garantir a transparência sobre a utilização de dados para abordar eficazmente as preocupações com a privacidade.

Quadros jurídicos e regulamentos

À medida que as tecnologias de IA se tornam cada vez mais difundidas, a necessidade de quadros jurídicos e regulamentos sólidos para reger o seu desenvolvimento e utilização tornou-se primordial. Os quadros jurídicos e os regulamentos ajudam a garantir que os sistemas de IA são desenvolvidos e implementados de uma forma ética, justa e transparente.

Quadros jurídicos existentes

Regulamento Geral sobre a Proteção de Dados (RGPD)

O GDPR é um dos regulamentos de proteção de dados mais abrangentes a nível mundial, com impacto no desenvolvimento e implementação da IA. Ele estabelece princípios para o processamento de dados, incluindo legalidade, justiça, transparência, minimização de dados e precisão. As principais disposições do GDPR relevantes para a IA incluem:

Consentimento: As organizações devem obter o consentimento explícito dos indivíduos antes de recolherem e processarem os seus dados pessoais.

Direitos do titular dos dados: As pessoas têm o direito de aceder, retificar e apagar os seus dados, bem como o direito de se opor ao processamento de dados.

Tomada de decisões automatizada: O RGPD regula a tomada de decisões automatizada e a definição de perfis, garantindo que os indivíduos têm o direito de solicitar a intervenção humana e contestar as decisões tomadas pelos sistemas de IA.

Lei da privacidade do consumidor da Califórnia (CCPA)

A CCPA é uma lei de privacidade de referência nos Estados Unidos que confere aos consumidores direitos sobre os seus dados pessoais. As principais disposições relevantes para a IA incluem:

Acesso e eliminação de dados: Os consumidores têm o direito de aceder e apagar os seus dados pessoais na posse das empresas.

Direitos de auto-exclusão: Os consumidores podem recusar a venda dos seus dados pessoais.

Transparência: As empresas devem divulgar as suas práticas de recolha de dados, incluindo as categorias de dados recolhidos e as finalidades para as quais são utilizados.

Directrizes éticas para uma IA fiável

O Grupo de Peritos de Alto Nível em IA da Comissão Europeia desenvolveu directrizes éticas para uma IA fiável, centrando-se em princípios como a agência humana, a justiça, a transparência e a responsabilidade. Estas directrizes fornecem um quadro para o desenvolvimento de sistemas de IA que respeitem os direitos fundamentais e os valores sociais.

Quadros jurídicos emergentes

Lei da IA (União Europeia)

A União Europeia está a desenvolver a Lei da IA, um quadro regulamentar abrangente destinado a garantir o desenvolvimento e a utilização seguros e éticos da IA. As principais disposições da Lei da IA incluem:

Abordagem baseada no risco: O AI Act categoriza os sistemas de IA com base no seu nível de risco, com regulamentos mais rigorosos para sistemas de alto risco, como os utilizados em infra-estruturas críticas, cuidados de saúde e aplicação da lei.

Requisitos de transparência: Os sistemas de IA devem ser transparentes, fornecendo informações claras sobre as suas capacidades, limitações e os dados utilizados para a formação.

Responsabilidade e governação: A Lei da IA estabelece requisitos de responsabilização e governação, incluindo a necessidade de documentação sólida, gestão de riscos e supervisão humana.

Algorithmic Accountability Act (Estados Unidos)

O Algorithmic Accountability Act é uma proposta de legislação dos Estados Unidos que tem como objetivo combater o preconceito, a discriminação e a falta de transparência nos sistemas automatizados de tomada de decisões. As principais disposições incluem:

Avaliações de impacto: As empresas devem efetuar avaliações de impacto para avaliar os potenciais enviesamentos e riscos associados aos seus sistemas automatizados de tomada de decisões.

Transparência: A lei exige que as empresas divulguem informações sobre os algoritmos que utilizam, incluindo as fontes de dados e os processos de decisão.

Medidas de mitigação: As empresas devem implementar medidas para mitigar os enviesamentos e riscos identificados, assegurando que os seus sistemas de IA funcionam de forma justa e ética.

Desafios na regulamentação da IA

Avanços tecnológicos rápidos

As tecnologias de IA estão a evoluir rapidamente, o que faz com que seja difícil para os quadros jurídicos e os regulamentos acompanharem o ritmo. A natureza dinâmica da IA requer abordagens regulamentares flexíveis e adaptáveis que possam acomodar as inovações em curso, garantindo simultaneamente o cumprimento das normas éticas e legais.

Coordenação global

O desenvolvimento e a implantação da IA são de natureza global, exigindo coordenação e harmonização de estruturas legais entre jurisdições. Regulamentos díspares podem criar complexidades para organizações multinacionais e impedir o avanço global das tecnologias de IA. A colaboração internacional e os esforços de padronização são essenciais para enfrentar esses desafios.

Equilíbrio entre inovação e regulamentação

A regulamentação da IA implica um equilíbrio entre a necessidade de inovação e a necessidade de controlo ético e jurídico. Uma regulamentação demasiado restritiva pode asfixiar a inovação e impedir o desenvolvimento de tecnologias de IA benéficas. Por outro lado, uma regulamentação insuficiente pode conduzir a práticas pouco éticas e a danos sociais. Para alcançar este equilíbrio, é necessária uma abordagem diferenciada que promova a inovação e, ao mesmo tempo, salvaguarde o interesse público.

Abordar os preconceitos e a discriminação

Garantir a equidade e combater o enviesamento nos sistemas de IA é um desafio regulamentar significativo. Os quadros jurídicos devem fornecer orientações claras para detetar, atenuar e prevenir o enviesamento nos algoritmos de IA. Isto envolve a definição de normas para a qualidade dos dados, a transparência algorítmica e a responsabilização, bem como a promoção da diversidade e da inclusão no desenvolvimento da IA.

Garantir a responsabilização

Estabelecer a responsabilidade pelos sistemas de IA e pelos seus resultados é crucial para criar confiança no público. Os quadros jurídicos devem delinear as responsabilidades e obrigações dos criadores, dos implantadores e dos utilizadores de sistemas de IA. Isso inclui mecanismos de reparação e remediação em casos de danos causados pela IA.

Direcções futuras

IA ética desde a conceção

Os futuros quadros jurídicos devem promover o conceito de "IA ética desde a conceção", incentivando os criadores a incorporar considerações éticas no processo de conceção e desenvolvimento desde o início. Isto implica a adoção de orientações éticas, a realização de avaliações de impacto e o envolvimento de diversas partes interessadas no processo de desenvolvimento.

Regulação adaptativa e dinâmica

As abordagens regulamentares devem ser adaptativas e dinâmicas, capazes de evoluir em resposta aos avanços tecnológicos e aos desafios emergentes. Isto inclui a incorporação de mecanismos para a revisão e atualização regulares da regulamentação, bem como a promoção de "sandboxes" regulamentares que permitam a experimentação e a inovação em ambientes controlados.

Colaboração internacional

Promover a colaboração internacional e a harmonização dos regulamentos de IA é essencial para enfrentar os desafios globais e garantir uma abordagem coesa à governação da IA. Isto inclui a participação em organismos internacionais de definição de normas, a partilha de boas práticas e o desenvolvimento de quadros para a cooperação transfronteiriça.

Envolvimento do público e educação

O envolvimento do público e a sensibilização para a IA e as suas implicações são cruciais para a elaboração de políticas informadas e para a aceitação pela sociedade. Os quadros jurídicos devem incorporar mecanismos de consulta e educação do público, assegurando que as diversas perspectivas sejam consideradas e que os indivíduos sejam informados sobre os seus direitos e responsabilidades na era da IA.

CAPÍTULO 6

IA e educação

Jyoti Kataria

Escola de Engenharia e Tecnologia

K. R. Mangalam University, Gurugram, Haryana, Índia

Vijay Singh

Escola de Engenharia e Tecnologia Amity

Universidade de Amity, Noida, UP, Índia

Introdução

A integração da Inteligência Artificial (IA) na educação está a remodelar a forma como o ensino e a aprendizagem ocorrem. As ferramentas de IA oferecem soluções inovadoras para desafios antigos, melhorando os resultados educativos e personalizando a experiência de aprendizagem. Desde sistemas de tutoria inteligentes até à eficiência administrativa, a IA está a transformar a educação de uma forma sem precedentes.

Sistemas de tutoria inteligentes

Uma das aplicações mais impactantes da IA na educação é o desenvolvimento de sistemas de tutoria inteligente (ITS). Estes sistemas utilizam algoritmos de IA para fornecer instruções e feedback personalizados aos alunos. Ao analisar o desempenho e os padrões de aprendizagem dos alunos, os ITS podem adaptar-se às necessidades individuais, oferecendo exercícios e explicações direccionados.

Por exemplo, plataformas como a MATHia da Carnegie Learning utilizam IA para fornecer instrução matemática personalizada. O sistema avalia a compreensão de cada aluno em tempo real, identificando pontos fortes e fracos. Em seguida, ele ajusta a dificuldade dos problemas e fornece dicas para orientar o aluno em conceitos desafiadores. Esta abordagem personalizada ajuda os alunos a dominar os tópicos ao seu próprio ritmo, reduzindo a frustração e aumentando o envolvimento.

Classificação e avaliação automatizadas

As ferramentas de IA também estão a simplificar o processo de classificação, dando aos educadores mais tempo para se concentrarem no ensino. Os sistemas de classificação automatizados utilizam algoritmos de processamento de linguagem natural (PNL) e de aprendizagem automática para avaliar o trabalho dos alunos, desde testes de escolha múltipla a ensaios.

Plataformas como o Gradescope e o Turnitin utilizam a IA para avaliar os trabalhos, fornecendo feedback detalhado sobre a qualidade da escrita, a coerência e a adesão às normas académicas. Estes sistemas também podem detetar plágio e garantir a integridade académica. Ao automatizar as tarefas de classificação de rotina, a IA permite que os educadores dediquem mais tempo à instrução personalizada e ao desenvolvimento curricular.

Salas de aula virtuais e ambientes de aprendizagem

A pandemia de COVID-19 acelerou a adoção de salas de aula virtuais e de plataformas de aprendizagem em linha. A IA desempenha um papel crucial na melhoria destes ambientes, proporcionando experiências de aprendizagem interactivas e imersivas. Os chatbots e os assistentes virtuais alimentados por IA podem apoiar os alunos respondendo a perguntas, fornecendo recursos e facilitando debates.

Por exemplo, plataformas como a Coursera e a edX utilizam a IA para recomendar cursos com base nos interesses e no desempenho dos alunos.

A análise baseada em IA acompanha o envolvimento e o progresso dos alunos, oferecendo informações que ajudam os educadores a adaptar as suas estratégias de ensino. As tecnologias de realidade virtual (RV) e de realidade aumentada (RA), reforçadas pela IA, criam experiências de aprendizagem imersivas que tornam os conceitos complexos mais acessíveis e cativantes.

Melhorar a acessibilidade e a inclusão

As ferramentas de IA estão a tornar a educação mais acessível e inclusiva para os alunos com necessidades diversas. As tecnologias de reconhecimento de voz e de conversão de texto em voz ajudam os alunos com deficiência, proporcionando formas alternativas de aceder e interagir com os conteúdos educativos. A IA também pode traduzir materiais educativos para várias línguas, quebrando as barreiras linguísticas e promovendo a aprendizagem global.

Por exemplo, o Immersive Reader da Microsoft utiliza a IA para fornecer apoio à leitura a alunos com dislexia e outras dificuldades de leitura. A ferramenta oferece funcionalidades como o realce de texto, a reprodução de áudio e a tradução, permitindo aos alunos interagir com os conteúdos de forma a satisfazer as suas necessidades individuais. Estas inovações garantem que todos os alunos têm as mesmas oportunidades de sucesso.

Insights orientados por dados e análise preditiva

A análise de dados baseada em IA fornece aos educadores informações valiosas sobre o desempenho dos alunos e os comportamentos de aprendizagem. Ao analisar grandes conjuntos de dados, a IA pode identificar tendências, prever resultados e recomendar intervenções para apoiar o sucesso dos alunos. A análise preditiva ajuda os educadores a identificar precocemente os alunos em risco e a implementar estratégias de apoio direccionadas.

Plataformas como a BrightBytes e a Knewton utilizam a IA para recolher e analisar dados sobre o envolvimento dos alunos, a assiduidade e o desempenho académico. Estas informações permitem aos educadores tomar decisões informadas, personalizar o ensino e melhorar os resultados educativos globais. Ao tirar partido das informações baseadas em dados, as escolas podem melhorar a experiência de aprendizagem e garantir que cada aluno recebe o apoio de que necessita.

Considerações e desafios éticos

Embora a IA ofereça inúmeros benefícios para a educação, também levanta considerações e desafios éticos. Garantir a privacidade e a segurança dos dados é fundamental, uma vez que os sistemas de IA dependem frequentemente de informações sensíveis dos alunos. As escolas e os desenvolvedores devem implementar medidas robustas de proteção de dados e cumprir regulamentos como o Regulamento Geral de Proteção de Dados (GDPR) e a Lei de Direitos Educacionais e Privacidade da Família (FERPA).

Além disso, é crucial abordar os preconceitos nos algoritmos de IA para evitar resultados discriminatórios. Os sistemas de IA devem ser concebidos e testados para garantir a justiça e a equidade na educação. Isto implica a utilização de dados de formação diversificados, a realização de auditorias regulares e o envolvimento das partes interessadas no processo de desenvolvimento.

Experiências de aprendizagem personalizadas

A aprendizagem personalizada é uma abordagem educativa que tem como objetivo adaptar a instrução às necessidades, preferências e estilos de aprendizagem de cada aluno. O advento da Inteligência Artificial (IA) fez avançar significativamente as capacidades da aprendizagem personalizada, fornecendo ferramentas e sistemas que se adaptam ao percurso de aprendizagem único de cada aluno.

O conceito de aprendizagem personalizada

A aprendizagem personalizada baseia-se na ideia de que cada aluno aprende de forma diferente e os métodos de ensino devem ser adaptáveis a essas diferenças. O ensino tradicional segue muitas vezes um modelo único, que pode ignorar as necessidades individuais e resultar em resultados de aprendizagem abaixo do ideal. A aprendizagem personalizada, por outro lado, procura personalizar vários aspectos da educação, incluindo o conteúdo, o ritmo e as actividades de aprendizagem, para melhor se adequar a cada aluno.

Sistemas de aprendizagem adaptativa com base em IA

Os sistemas de aprendizagem adaptativa alimentados por IA estão na vanguarda da educação personalizada. Estes sistemas utilizam algoritmos para analisar dados sobre o desempenho, os comportamentos de aprendizagem e as preferências dos alunos. Com base nessa análise, eles ajustam o conteúdo e o ritmo da instrução para atender às necessidades de cada aluno.

Por exemplo, a DreamBox Learning é uma plataforma de matemática adaptativa que utiliza a IA para criar percursos de aprendizagem personalizados para os alunos. O sistema avalia continuamente o desempenho dos alunos e adapta as lições em tempo real, garantindo que cada aluno recebe instrução no nível certo de dificuldade. Este ajuste dinâmico ajuda a manter os alunos empenhados e desafiados, promovendo uma compreensão mais profunda e o domínio dos conceitos.

Percursos de aprendizagem personalizados

A IA pode ajudar a criar percursos de aprendizagem personalizados, identificando as competências e conhecimentos específicos que cada aluno precisa de desenvolver. Isto implica definir objectivos de aprendizagem individualizados e fornecer recursos e actividades adaptados para os atingir. Os percursos de aprendizagem personalizados garantem que os alunos progridem ao seu próprio ritmo e recebem apoio direcionado quando necessário.

Plataformas como a Khan Academy utilizam a IA para recomendar exercícios práticos personalizados e vídeos instrutivos com base no desempenho dos alunos. A plataforma acompanha o progresso e identifica as áreas em que os alunos podem precisar de prática ou revisão adicional. Ao fornecer recursos personalizados, a Khan Academy ajuda os alunos a construir uma base sólida e a avançar ao seu próprio ritmo.

Sistemas de tutoria inteligentes e feedback personalizado

Os sistemas de tutoria inteligente (ITS) fornecem instruções e feedback personalizados aos alunos, imitando a atenção individual de um tutor humano. Estes sistemas utilizam a IA para analisar as respostas dos alunos, diagnosticar ideias erradas e oferecer feedback e sugestões direccionadas.

Por exemplo, o Tutor Cognitivo desenvolvido pela Carnegie Learning utiliza a IA para fornecer um ensino personalizado da matemática. O sistema analisa o processo de resolução de problemas de cada aluno e fornece feedback em tempo real e sugestões adaptadas às suas necessidades. Esta interação personalizada ajuda os alunos a corrigir erros e a desenvolver uma compreensão mais profunda dos conceitos matemáticos.

Melhorar o envolvimento dos alunos

As experiências de aprendizagem personalizadas aumentam o envolvimento dos alunos ao atender aos interesses e estilos de aprendizagem individuais. A IA pode analisar as preferências dos alunos e recomendar conteúdos que correspondam aos seus interesses, tornando a aprendizagem mais relevante e motivadora.

Plataformas como o Duolingo utilizam a IA para personalizar a aprendizagem de línguas, adaptando as aulas ao progresso e às preferências de cada aluno. A aplicação fornece exercícios e recompensas personalizados com base no desempenho individual, mantendo os alunos empenhados e motivados para aprender.

Responder a diversas necessidades de aprendizagem

A aprendizagem personalizada com recurso à IA pode responder às diversas necessidades dos alunos, incluindo os que têm dificuldades de aprendizagem ou necessidades educativas especiais. Ao fornecer instrução e apoio personalizados, a IA ajuda a garantir que todos os alunos tenham oportunidades iguais de sucesso.

Por exemplo, a plataforma Lexia Learning, baseada em IA, fornece instruções de leitura personalizadas para alunos com dislexia e outras dificuldades de leitura. O sistema adapta as aulas às necessidades específicas de cada aluno, oferecendo prática e apoio direccionados para os ajudar a melhorar as suas competências de leitura.

Insights baseados em dados para educadores

Os sistemas de aprendizagem personalizados geram dados valiosos sobre o desempenho e os comportamentos de aprendizagem dos alunos. Os educadores podem utilizar estes dados para obter informações sobre tendências de aprendizagem individuais e de grupo, identificar áreas em que os alunos têm dificuldades e tomar decisões de ensino informadas.

Plataformas como a Edmentum fornecem aos educadores painéis de dados que acompanham o progresso e o desempenho dos alunos. Estes painéis destacam as áreas em que os alunos podem necessitar de apoio adicional, permitindo aos educadores fornecer intervenções direccionadas e melhorar os resultados globais de aprendizagem.

Desafios e considerações

Embora a aprendizagem personalizada baseada em IA ofereça inúmeros benefícios, ela também apresenta desafios e considerações. Garantir a privacidade e a segurança dos dados é crucial, uma vez que os sistemas de aprendizagem personalizada dependem frequentemente de informações sensíveis dos alunos. As escolas e os programadores devem implementar medidas robustas de proteção de dados e cumprir os regulamentos relevantes.

Além disso, é essencial abordar os preconceitos nos algoritmos de IA para garantir a justiça e a equidade na aprendizagem personalizada. Os sistemas de IA devem ser concebidos e testados para evitar o reforço das desigualdades existentes e para proporcionar oportunidades de aprendizagem equitativas a todos os alunos.

IA em Administração e Gestão Educacional

A Inteligência Artificial (IA) não está apenas a transformar a sala de aula, mas também a revolucionar a administração e a gestão da educação. Ao automatizar tarefas de rotina, melhorar a tomada de decisões e fornecer informações baseadas em dados, as ferramentas de IA estão a simplificar os processos administrativos e a melhorar a eficiência.

Automatização de tarefas administrativas de rotina

Uma das principais vantagens da IA na administração da educação é a automatização das tarefas de rotina.

Automatização de tarefas administrativas de rotina

Uma das principais vantagens da IA na administração educativa é a automatização das tarefas de rotina. Estas tarefas incluem a calendarização, o controlo da assiduidade, a classificação e a comunicação. Ao automatizar estes processos, as ferramentas de IA libertam tempo valioso para os administradores e educadores, permitindo-lhes concentrarem-se em actividades mais estratégicas e impactantes.

Programação e horários

As ferramentas de programação baseadas em IA podem otimizar os horários tendo em conta várias restrições e preferências. Estas ferramentas analisam factores como a disponibilidade dos professores, os recursos da sala de aula e as necessidades dos alunos para criar horários eficientes. Por exemplo, um software como o OptaPlanner utiliza algoritmos de IA para gerar horários óptimos que reduzem os conflitos e melhoram a utilização dos recursos. Ao automatizar os horários, as escolas podem garantir que as aulas são bem organizadas e que tanto os alunos como os professores podem tirar o máximo partido do seu tempo.

Controlo de assiduidade

Os sistemas de IA podem simplificar o controlo de assiduidade utilizando o reconhecimento facial e as tecnologias biométricas. Estes sistemas automatizam o processo de registo da assiduidade, reduzindo os erros e poupando tempo. Por exemplo, plataformas como a Imprints utilizam o reconhecimento facial para monitorizar a assiduidade dos alunos em tempo real. Esta tecnologia não só simplifica o registo da assiduidade, como também aumenta a segurança, garantindo que apenas as pessoas autorizadas estão presentes no ambiente escolar.

Classificação automatizada

Os sistemas de classificação baseados em IA podem avaliar o trabalho dos alunos, desde testes de escolha múltipla a trabalhos de redação. Estes sistemas utilizam algoritmos de processamento de linguagem natural (PNL) e de aprendizagem automática para avaliar os trabalhos e fornecer feedback pormenorizado. Ferramentas de classificação automatizadas como o Gradescope podem reduzir significativamente o tempo que os educadores gastam na classificação, permitindo que eles se concentrem mais na instrução personalizada e no envolvimento do aluno. Além disso, esses sistemas garantem consistência e objetividade na avaliação, minimizando possíveis vieses.

Comunicação e apoio administrativo

Os chatbots de IA e os assistentes virtuais podem responder a perguntas de rotina de alunos, pais e funcionários. Estas ferramentas de IA fornecem respostas instantâneas a perguntas comuns, tais como políticas escolares, horários e informações sobre eventos. Por exemplo, chatbots como o Ivy.ai são utilizados por instituições de ensino para gerir a comunicação e prestar apoio 24 horas por dia. Ao automatizar a comunicação, as escolas podem melhorar a capacidade de resposta e garantir que todas as partes interessadas têm acesso a informações exactas.

Melhorar a tomada de decisões com informações baseadas em dados

A análise baseada em IA fornece aos administradores informações valiosas sobre vários aspectos das operações escolares, permitindo a tomada de decisões informadas por dados. Ao analisar grandes conjuntos de dados, a IA pode identificar tendências, prever resultados e recomendar acções para melhorar a eficiência e a eficácia.

Análise preditiva para o sucesso dos alunos

As ferramentas de IA podem analisar os dados de desempenho dos alunos para identificar padrões e prever resultados futuros. A análise preditiva ajuda os educadores e os administradores a identificar precocemente os alunos em risco e a implementar intervenções direccionadas para apoiar o seu sucesso. Por exemplo, plataformas como a BrightBytes utilizam a IA para analisar dados sobre assiduidade, notas e comportamento para prever quais os alunos em risco de abandono escolar. Ao fornecer informações accionáveis, estas ferramentas ajudam as escolas a tomar medidas proactivas para melhorar a retenção e o aproveitamento dos alunos.

Atribuição e gestão de recursos

A IA pode otimizar a atribuição de recursos através da análise de dados sobre a utilização e as necessidades de recursos. Isto inclui a gestão de orçamentos, a afetação de pessoal e a otimização da utilização de instalações e equipamento. Por exemplo, as ferramentas baseadas em IA podem analisar dados históricos sobre o consumo de energia e recomendar estratégias para reduzir custos e melhorar a sustentabilidade. Ao otimizar a gestão de recursos, as escolas podem funcionar de forma mais eficiente e atribuir recursos onde eles são mais necessários.

Planeamento estratégico e desenvolvimento de políticas

A análise de dados baseada em IA apoia o planeamento estratégico e o desenvolvimento de políticas, fornecendo informações sobre tendências e resultados a longo prazo. Os administradores podem utilizar estes conhecimentos para desenvolver políticas e estratégias baseadas em provas que se alinham com as metas e objectivos da escola. Por exemplo, a IA pode analisar tendências demográficas e padrões de matrículas para informar decisões sobre a expansão da escola, ofertas de programas e requisitos de pessoal. Ao tirar partido das informações baseadas em dados, as escolas podem tomar decisões informadas que melhoram a sua eficácia global.

Melhorar a eficiência administrativa e a conformidade

As ferramentas de IA ajudam a simplificar os processos administrativos e a garantir a conformidade com regulamentos e normas. Isto inclui a gestão dos registos dos estudantes, a garantia da privacidade dos dados e a manutenção dos requisitos de acreditação.

Gestão dos registos dos alunos

Os sistemas de IA podem automatizar a gestão dos registos dos alunos, garantindo a exatidão e o cumprimento dos requisitos legais. Estes sistemas podem tratar de tarefas como a inscrição, a geração de transcrições e o acompanhamento dos diplomas. Por exemplo, as plataformas alimentadas por IA, como a Skyward, simplificam a gestão da informação dos alunos, automatizando a introdução de dados e os processos de verificação. Ao melhorar a eficiência da manutenção de registos, as escolas podem garantir que as informações dos alunos são precisas e actualizadas.

Privacidade e segurança dos dados

É fundamental garantir a privacidade e a segurança dos dados dos estudantes. As ferramentas de IA podem melhorar a proteção de dados através da implementação de medidas de segurança robustas e da monitorização de potenciais violações. Por exemplo, as soluções de cibersegurança baseadas em IA podem detetar e responder a ameaças em tempo real, salvaguardando informações sensíveis. Além disso, a IA pode ajudar as escolas a cumprir os regulamentos de proteção de dados, como o Regulamento Geral de Proteção de Dados (RGPD), automatizando a gestão de dados e garantindo que as práticas de processamento de dados cumprem as normas legais.

Acreditação e garantia de qualidade

As ferramentas de IA podem ajudar as escolas a manter a acreditação e a garantir a qualidade, automatizando a recolha e análise de dados de desempenho. Estas ferramentas podem monitorizar a conformidade com as normas de acreditação, acompanhar o progresso em relação aos objectivos e identificar áreas de melhoria. Por exemplo, as plataformas baseadas em IA podem analisar dados de avaliação e gerar relatórios que demonstrem a conformidade com os requisitos de acreditação. Ao simplificar os processos de garantia de qualidade, as escolas podem manter padrões elevados e melhorar continuamente as suas ofertas educativas.

Desafios e considerações

Embora a IA ofereça benefícios significativos para a administração e gestão da educação, também apresenta desafios e considerações que devem ser abordados.

Privacidade dos dados e preocupações éticas

A utilização da IA na educação suscita preocupações sobre a privacidade e a ética dos dados. As escolas devem garantir que os dados dos alunos são recolhidos, armazenados e utilizados de forma responsável. Isto inclui a obtenção de consentimento informado, a implementação de medidas robustas de proteção de dados e a garantia de transparência na utilização dos dados. Além disso, é crucial abordar os potenciais enviesamentos nos algoritmos de IA para garantir a justiça e a equidade.

Integração e implementação

A integração de ferramentas de IA nos sistemas administrativos existentes pode ser um desafio. As escolas devem investir nas infra-estruturas, na formação e no apoio necessários para garantir uma implementação bem sucedida. Isto inclui proporcionar desenvolvimento profissional ao pessoal para utilizar eficazmente as ferramentas de IA e integrar as soluções de IA no software e processos existentes.

Custo e acessibilidade

O custo das soluções de IA pode constituir um obstáculo para algumas escolas, nomeadamente para as que têm orçamentos limitados. Garantir que as ferramentas de IA são acessíveis e económicas é essencial para assegurar que todas as escolas possam beneficiar destas tecnologias. Isto pode implicar a exploração de oportunidades de financiamento, parcerias e soluções escaláveis que satisfaçam as necessidades de diversas instituições de ensino.

Preparar os alunos para um futuro impulsionado pela IA

À medida que a Inteligência Artificial (IA) continua a remodelar vários aspectos da sociedade, a preparação dos alunos para um futuro orientado para a IA tornou-se uma prioridade fundamental para os educadores. Isto implica dotar os alunos das competências e conhecimentos necessários para prosperar num mundo onde as tecnologias de IA são omnipresentes.

Integrar o ensino da IA no currículo

Para preparar os estudantes para um futuro orientado para a IA, é essencial integrar o ensino da IA no currículo a todos os níveis. Isto implica ensinar aos estudantes os conceitos, as aplicações e as implicações da IA, bem como desenvolver as suas competências técnicas.

Educação e sensibilização precoce

A introdução de conceitos de IA no ensino pré-escolar ajuda a criar uma base de compreensão e curiosidade. Isto pode ser conseguido através de actividades e recursos adequados à idade que explicam os princípios e aplicações básicos da IA. Por exemplo, programas como o Code.org oferecem aulas de codificação e pensamento computacional para jovens estudantes, apresentando-lhes os fundamentos da IA de uma forma divertida e cativante.

Ensino secundário e cursos especializados

Ao nível do ensino secundário, as escolas podem oferecer cursos especializados que aprofundam a IA e os domínios conexos. Isto inclui cursos de informática, ciência de dados, robótica e aprendizagem automática. Proporcionar aos alunos oportunidades de participar em projectos e experiências práticas ajuda-os a aplicar os conhecimentos teóricos a cenários do mundo real.

Por exemplo, as escolas secundárias podem estabelecer parcerias com organizações como a AI4ALL para proporcionar campos de férias e programas pós-escolares centrados na IA. Estas iniciativas expõem os alunos às tecnologias de IA e aos percursos profissionais, inspirando-os a prosseguir estudos e carreiras neste domínio.

Ensino superior e programas interdisciplinares

No ensino superior, as universidades podem oferecer programas abrangentes de IA que cubram tanto os aspectos técnicos como éticos da IA. Os programas interdisciplinares que combinam ciência informática, ciência dos dados, ética e ciências sociais proporcionam uma compreensão holística da IA e do seu impacto na sociedade.

As universidades também podem colaborar com parceiros da indústria para oferecer estágios, oportunidades de investigação e programas de aprendizagem experimental. Por exemplo, instituições como a Universidade de Stanford e o MIT oferecem cursos de IA e aprendizagem automática que incluem projectos práticos e colaborações com a indústria, preparando os estudantes para carreiras em áreas relacionadas com a IA.

Desenvolvimento de competências técnicas

É essencial dotar os estudantes das competências técnicas necessárias para um futuro orientado para a IA. Isto inclui o desenvolvimento de proficiência em programação, análise de dados, aprendizagem automática e ferramentas de desenvolvimento de IA.

Programação e pensamento computacional

Ensinar aos alunos linguagens de programação como Python, Java e R é fundamental para o desenvolvimento de competências de IA. Os cursos de programação devem dar ênfase ao pensamento computacional, à resolução de problemas e à conceção de algoritmos, permitindo aos estudantes criar modelos e aplicações de IA.

Literacia e análise de dados

A literacia de dados é crucial para compreender e trabalhar com a IA. Os estudantes devem aprender a recolher, analisar e interpretar dados, bem como a utilizar ferramentas de visualização de dados. Os cursos de estatística, ciência de dados e gestão de bases de dados fornecem as competências necessárias para trabalhar com grandes conjuntos de dados e obter informações significativas.

Aprendizagem automática e desenvolvimento de IA

Os cursos avançados de aprendizagem automática e desenvolvimento de IA ensinam os alunos a criar e treinar modelos de IA. Isto inclui a compreensão da aprendizagem supervisionada e não supervisionada, redes neuronais e técnicas de aprendizagem profunda. Os projectos e laboratórios práticos permitem aos estudantes aplicar os seus conhecimentos a problemas do mundo real e desenvolver competências práticas.

Plataformas como Coursera, edX e Udacity oferecem cursos online e especializações em aprendizagem automática e IA, proporcionando aos estudantes opções de aprendizagem flexíveis

Desenvolvimento de competências técnicas (continuação)

Plataformas como a Coursera, edX e Udacity oferecem cursos online e especializações em aprendizagem automática e IA, proporcionando aos estudantes opções de aprendizagem flexíveis para adquirir e aperfeiçoar as suas competências técnicas. Estes cursos incluem frequentemente projectos práticos, tarefas de codificação e acesso a ferramentas e estruturas padrão da indústria, preparando os alunos para as exigências da força de trabalho orientada para a IA.

Robótica e automatização

A robótica e a automatização são componentes integrais do ensino da IA. Os alunos devem ter a oportunidade de trabalhar com kits e plataformas de robótica, participando em projectos que combinem o desenvolvimento de hardware e software. Programas como os concursos FIRST Robotics e VEX Robotics oferecem aos alunos experiência prática na conceção, construção e programação de robôs, promovendo a criatividade, o trabalho em equipa e a capacidade de resolução de problemas.

Promover o pensamento crítico e a compreensão ética

Preparar os estudantes para um futuro orientado para a IA implica também promover o pensamento crítico e uma compreensão ética da IA. Os estudantes devem estar preparados para lidar com as implicações éticas, sociais e legais das tecnologias de IA.

Ética na IA

A integração da ética no ensino da IA ajuda os estudantes a compreender o impacto moral e social da IA. São essenciais cursos e debates sobre temas como a parcialidade, a justiça, a transparência e a responsabilidade na IA. Por exemplo, universidades como Stanford oferecem cursos sobre "Ética, Políticas Públicas e Mudança Tecnológica", que exploram os dilemas éticos colocados pela IA e outras tecnologias emergentes.

Pensamento crítico e resolução de problemas

O desenvolvimento de competências de pensamento crítico permite aos estudantes analisar e avaliar as aplicações de IA de forma crítica. Isto implica questionar pressupostos, considerar múltiplas perspectivas e avaliar as potenciais consequências das tecnologias de IA. Os exercícios de resolução de problemas e os estudos de casos podem ajudar os alunos a aplicar estas competências a cenários do mundo real, aumentando a sua capacidade de tomar decisões informadas.

Abordagem interdisciplinar

Uma abordagem interdisciplinar do ensino da IA garante que os estudantes adquirem uma compreensão completa do impacto da IA. Isto implica a incorporação de conhecimentos de áreas como a filosofia, a sociologia, o direito e a economia. Por exemplo, os cursos que exploram a intersecção entre a IA e as políticas públicas podem ajudar os estudantes a compreender como as tecnologias de IA são reguladas e governadas, preparando-os para contribuir para o desenvolvimento de políticas de IA responsáveis.

Incentivar a aprendizagem ao longo da vida e a adaptabilidade

O ritmo acelerado dos avanços da IA exige que os indivíduos se empenhem na aprendizagem ao longo da vida e se mantenham adaptáveis aos novos desenvolvimentos. As escolas e os estabelecimentos de ensino podem promover uma cultura de aprendizagem contínua, fornecendo recursos e oportunidades de formação contínua.

Desenvolvimento profissional e certificação

A oferta de programas de desenvolvimento profissional e cursos de certificação em IA e áreas relacionadas ajuda os estudantes e profissionais a manterem-se actualizados com os últimos avanços. Plataformas como a AI Skills Academy da IBM e os cursos TensorFlow da Google oferecem oportunidades para os indivíduos obterem certificações que demonstram a sua experiência e empenho na aprendizagem contínua.

Plataformas e recursos de aprendizagem em linha

As plataformas de aprendizagem em linha oferecem recursos flexíveis e acessíveis para a aprendizagem ao longo da vida. Plataformas como a Khan Academy, Coursera e LinkedIn Learning oferecem uma vasta gama de cursos sobre IA, aprendizagem automática e ciência de dados. Incentivar os alunos a utilizar estes recursos promove o hábito da aprendizagem autónoma e do desenvolvimento de competências.

Mentoria e criação de redes

Os programas de mentoria e as oportunidades de networking ligam os estudantes a profissionais do sector e a especialistas na área. A tutoria fornece orientação, apoio e conhecimentos sobre percursos profissionais, ajudando os estudantes a navegar pelas complexidades da indústria da IA. Os eventos de networking, as conferências e as comunidades online também oferecem oportunidades valiosas de colaboração e partilha de conhecimentos.

CAPÍTULO 7

IA nos cuidados de saúde

Jyoti Kataria

Escola de Engenharia e Tecnologia

K. R. Mangalam University, Gurugram, Haryana, Índia

Dhiraj Singh Rawat

Departamento de Informática

NIET, Greater Noida, Uttar Pradesh, Índia

Introdução

A integração da Inteligência Artificial (IA) nos cuidados de saúde revolucionou o diagnóstico e o tratamento, oferecendo oportunidades sem precedentes para melhorar os resultados dos doentes e otimizar os processos médicos. Desde a análise avançada de imagens até às recomendações de tratamento personalizadas, as tecnologias de IA estão a melhorar a precisão, a eficiência e a eficácia da prestação de cuidados de saúde.

Análise de imagiologia médica com recurso a IA

Uma das aplicações mais impactantes da IA nos cuidados de saúde é a análise de imagens médicas. Os algoritmos de IA podem analisar imagens médicas, como radiografias, ressonâncias magnéticas, tomografias computorizadas e mamografias, com uma precisão notável, ajudando os radiologistas a detetar e diagnosticar várias condições médicas.

Diagnóstico assistido por computador

Os sistemas de diagnóstico assistido por computador baseados em IA analisam imagens médicas para identificar anomalias e ajudar os radiologistas a efetuar diagnósticos precisos. Estes sistemas utilizam algoritmos de aprendizagem automática treinados em vastos conjuntos de dados de imagens anotadas para reconhecer padrões associados a diferentes doenças.

Por exemplo, os algoritmos de aprendizagem profunda podem analisar mamografias para detetar sinais precoces de cancro da mama, o que pode levar a um diagnóstico mais precoce e a melhores resultados para os pacientes. Do mesmo modo, os algoritmos de IA podem analisar as ressonâncias magnéticas do cérebro para identificar anomalias indicativas de condições neurológicas, como acidentes vasculares cerebrais ou tumores cerebrais.

Segmentação e quantificação de imagens

Os algoritmos de IA também podem executar tarefas de segmentação e quantificação de imagens, delineando estruturas anatómicas e quantificando marcadores de doenças a partir de imagens médicas. Isto permite medições e avaliações precisas que ajudam no planeamento e monitorização do tratamento.

Por exemplo, os algoritmos de IA podem segmentar imagens cardíacas para quantificar parâmetros como a fração de ejeção e a tensão do miocárdio, fornecendo informações valiosas sobre a função cardíaca. Na oncologia, a IA pode segmentar tumores a partir de imagens médicas para avaliar o tamanho, a forma e a resposta do tumor ao tratamento, facilitando o planeamento personalizado do tratamento.

Recomendações de tratamento personalizadas

A IA permite recomendações de tratamento personalizadas através da análise dos dados dos pacientes e da identificação de estratégias de tratamento óptimas adaptadas às características e preferências individuais.

Análise preditiva

Os modelos analíticos preditivos com tecnologia I analisam os dados dos doentes para prever a progressão da doença, a resposta ao tratamento e os acontecimentos adversos. Estes modelos utilizam algoritmos de aprendizagem automática para identificar padrões e correlações em grandes conjuntos de dados, permitindo a identificação de factores de risco e marcadores de prognóstico.

Por exemplo, os modelos de análise preditiva podem analisar os registos de saúde electrónicos para prever a probabilidade de readmissão ou complicações após uma cirurgia, permitindo aos prestadores de cuidados de saúde implementar medidas e intervenções preventivas.

Medicina de precisão

A IA desempenha um papel crucial no avanço da medicina de precisão, que visa fornecer tratamentos personalizados com base em factores genéticos, ambientais e de estilo de vida individuais. Os algoritmos de IA analisam dados multiómicos, incluindo genómica, proteómica e metabolómica, para identificar assinaturas moleculares associadas à doença e à resposta ao tratamento.

Na oncologia, por exemplo, a análise genómica baseada na IA pode identificar mutações específicas ou biomarcadores que indicam a suscetibilidade a terapias específicas. Isto permite que os oncologistas prescrevam tratamentos com maior probabilidade de serem eficazes e menos tóxicos para cada doente, conduzindo a melhores resultados e a efeitos secundários reduzidos.

Simplificação dos fluxos de trabalho clínicos

As tecnologias de IA simplificam os fluxos de trabalho clínicos, automatizando tarefas de rotina, reduzindo a carga administrativa e melhorando a eficiência.

Processamento de linguagem natural (PNL)

Os algoritmos de processamento de linguagem natural (PNL) alimentados por IA extraem informações de notas clínicas não estruturadas, relatórios e literatura médica, permitindo a documentação automatizada, a codificação e a recuperação de informações.

Por exemplo, os algoritmos de PNL podem analisar notas clínicas para extrair informações relevantes, como diagnósticos, procedimentos e planos de tratamento, facilitando a codificação e a faturação exactas. Do mesmo modo, a PNL pode pesquisar a literatura médica para fornecer recomendações e directrizes baseadas em provas aos prestadores de cuidados de saúde, apoiando a tomada de decisões clínicas.

Assistentes de saúde virtuais

Os assistentes virtuais de saúde alimentados por IA fornecem orientação, educação e apoio personalizados aos pacientes, melhorando o envolvimento e a adesão aos planos de tratamento.

Por exemplo, os assistentes virtuais de saúde podem enviar lembretes de medicação, fornecer recomendações de estilo de vida e responder a perguntas dos doentes sobre o seu estado de saúde ou regime de tratamento. Estes assistentes virtuais tiram partido da compreensão da linguagem natural e das tecnologias de IA de conversação para interagir com os doentes de forma conversacional, melhorando a experiência do doente e permitindo que os indivíduos assumam o controlo da sua saúde.

Desafios e considerações

Embora a IA ofereça um enorme potencial para melhorar o diagnóstico e o tratamento, há vários desafios e considerações que têm de ser abordados para que se possam concretizar todos os seus benefícios.

Qualidade e enviesamento dos dados

A qualidade e a representatividade dos dados utilizados para treinar algoritmos de IA são cruciais para garantir a exatidão e a generalização. Os enviesamentos nos dados de treino podem levar a disparidades no desempenho e nas recomendações da IA, afectando os resultados dos doentes e exacerbando as desigualdades na saúde.

As organizações de cuidados de saúde devem garantir que os conjuntos de dados de formação são diversificados, inclusivos e isentos de preconceitos para mitigar estes desafios. Além disso, a monitorização e a validação contínuas dos algoritmos de IA em contextos reais são essenciais para identificar e abordar os enviesamentos e garantir resultados equitativos para todos os doentes.

Quadros regulamentares e éticos

A integração da IA nos cuidados de saúde suscita considerações regulamentares e éticas complexas relacionadas com a privacidade dos doentes, a segurança dos dados, a responsabilidade e o consentimento informado.

As agências reguladoras devem desenvolver directrizes e normas claras para o desenvolvimento, validação e implementação de tecnologias de IA nos cuidados de saúde. Os quadros éticos devem dar prioridade à autonomia dos doentes, à beneficência e à justiça, assegurando que as aplicações de IA respeitam os mais elevados padrões de segurança e bem-estar dos doentes.

Validação e integração clínica

As tecnologias de IA têm de ser submetidas a uma validação clínica rigorosa e à integração nos fluxos de trabalho de cuidados de saúde existentes para garantir a sua eficácia, segurança e facilidade de utilização em contextos reais.

Os prestadores de cuidados de saúde devem colaborar com os criadores e investigadores de IA para realizar estudos prospectivos e ensaios clínicos que avaliem o desempenho e o impacto das tecnologias de IA nos resultados dos doentes. A integração perfeita da IA nos fluxos de trabalho clínicos exige normas de interoperabilidade robustas e interfaces de fácil utilização que facilitem a adoção e a aceitação pelos profissionais de saúde.

IA na investigação médica e na descoberta de medicamentos

A Inteligência Artificial (IA) está a revolucionar a investigação médica e a descoberta de medicamentos, acelerando o ritmo da descoberta científica e revelando novos conhecimentos sobre doenças complexas. Desde a análise de dados genómicos em grande escala até à previsão de interacções fármaco-alvo, as tecnologias de IA estão a transformar o processo de desenvolvimento de medicamentos e a permitir a descoberta de novas terapias. Este capítulo explora o papel da IA na investigação médica e na descoberta de medicamentos, destacando as principais aplicações, benefícios e desafios.

Acelerar a descoberta de medicamentos com IA

O processo tradicional de descoberta de medicamentos é moroso, dispendioso e muitas vezes não produz tratamentos bem sucedidos. As tecnologias de IA oferecem soluções inovadoras para estes desafios, tirando partido de abordagens baseadas em dados para identificar candidatos a medicamentos promissores e prever a sua eficácia e segurança.

Aprendizagem automática para a conceção de medicamentos

Os algoritmos de aprendizagem automática analisam vastos conjuntos de dados de compostos químicos, alvos biológicos e interacções medicamentosas para identificar potenciais candidatos a medicamentos. Estes algoritmos aprendem padrões e relações a partir de dados históricos, permitindo a previsão de novos compostos com as propriedades farmacológicas desejadas.

Por exemplo, as plataformas de rastreio virtual baseadas em IA utilizam modelos de aprendizagem automática para analisar estruturas moleculares e prever a sua afinidade de ligação a alvos específicos de medicamentos. Estas plataformas dão prioridade aos compostos candidatos para testes adicionais, acelerando a identificação de moléculas líderes com potencial terapêutico.

Análise genómica e medicina personalizada

A IA permite a medicina personalizada através da análise de dados genómicos para identificar variantes genéticas associadas à suscetibilidade à doença, à resposta ao tratamento e às reacções adversas aos medicamentos.

Por exemplo, os algoritmos de IA podem analisar sequências genómicas de amostras de doentes para identificar mutações ou biomarcadores que prevejam a capacidade de resposta a terapias específicas. Isto permite o desenvolvimento de abordagens de medicina de precisão adaptadas aos perfis genéticos de cada doente, maximizando a eficácia terapêutica e minimizando os efeitos secundários.

Reaproveitamento de medicamentos e polifarmacologia

A IA facilita a reorientação de medicamentos, analisando as bases de dados de medicamentos existentes e os conhecimentos biológicos para identificar novas indicações terapêuticas para medicamentos aprovados. Ao reorientar os medicamentos existentes para novas utilizações, a IA acelera o processo de desenvolvimento de medicamentos e reduz os custos.

Além disso, as abordagens de polifarmacologia orientadas pela IA exploram as interacções multi-alvo dos medicamentos para identificar combinações sinérgicas que aumentem a eficácia terapêutica. Estas abordagens tiram partido de modelos computacionais e da análise de redes para prever as interacções fármaco-alvo e otimizar as terapias combinadas para doenças complexas.

Avançar na compreensão da biologia com a IA

As tecnologias de IA permitem aos investigadores explorar sistemas biológicos complexos, desvendar mecanismos de doenças e identificar novos alvos de medicamentos com uma precisão sem precedentes.

Biologia de redes e farmacologia de sistemas

As abordagens da biologia das redes analisam as redes biológicas, incluindo as interacções proteína-proteína, as vias de sinalização e as redes de regulação dos genes, para compreender os mecanismos das doenças e identificar potenciais alvos de medicamentos.

Por exemplo, a análise de redes baseada em IA identifica os principais nós e vias associados à patogénese das doenças, orientando o desenvolvimento de intervenções específicas que modulam os processos biológicos. Os modelos de farmacologia de sistemas integram dados multiómicos para prever os efeitos dos medicamentos nas vias celulares e nos fenótipos das doenças, facilitando a conceção e a otimização racionais dos medicamentos.

Modelação e simulação preditiva

A IA permite a modelação preditiva e a simulação de processos biológicos, permitindo aos investigadores explorar as interacções fármaco-alvo, a farmacocinética e os perfis de toxicidade in silico.

Os modelos e simulações computacionais prevêem a afinidade de ligação dos fármacos às proteínas-alvo, elucidam as relações estrutura-atividade e optimizam as propriedades dos fármacos em termos de eficácia e segurança. Estas abordagens de rastreio virtual e de modelização complementam os estudos experimentais, orientando a seleção e otimização de candidatos a fármacos nas fases iniciais da descoberta de fármacos.

Investigação em colaboração e partilha de dados

A IA promove iniciativas de investigação em colaboração e de partilha de dados que aceleram a descoberta científica e facilitam o intercâmbio de conhecimentos na comunidade biomédica.

Plataformas de ciência aberta

As plataformas de ciência aberta fornecem aos investigadores acesso a conjuntos de dados biomédicos em grande escala, ferramentas e recursos para investigação e análise em colaboração. Estas plataformas facilitam a partilha de dados, a reprodutibilidade e a transparência, acelerando o progresso científico e permitindo colaborações interdisciplinares.

Por exemplo, iniciativas como o Atlas do Genoma do Cancro (TCGA) e o Atlas das Células Humanas (HCA) fornecem conjuntos de dados abrangentes de perfis genómicos, transcriptómicos e epigenómicos para o cancro e tecidos normais. As análises orientadas por IA destes conjuntos de dados revelam assinaturas moleculares, biomarcadores e alvos terapêuticos para a investigação de oncologia de precisão.

Consórcios colaborativos de IA

Os consórcios colaborativos de IA reúnem investigadores, clínicos, parceiros da indústria e especialistas em IA para enfrentar desafios biomédicos complexos e impulsionar a inovação na descoberta de medicamentos e nos cuidados de saúde.

Por exemplo, iniciativas como o consórcio Accelerating Therapeutics for Opportunities in Medicine (ATOM) utilizam a IA e a aprendizagem automática para acelerar a descoberta e o desenvolvimento de medicamentos. Ao reunir recursos, conhecimentos e dados, estes consórcios promovem a colaboração interdisciplinar e traduzem a investigação orientada para a IA em aplicações clínicas.

Desafios e considerações

Apesar do potencial transformador da IA na investigação médica e na descoberta de medicamentos, há vários desafios e considerações a ter em conta para concretizar todo o seu impacto.

Qualidade e acessibilidade dos dados

A qualidade, a diversidade e a acessibilidade dos dados biomédicos são fundamentais para treinar modelos de IA e gerar conhecimentos fiáveis. Os enviesamentos, erros e inconsistências nos dados podem comprometer a exatidão e a generalização das previsões da IA, conduzindo a resultados pouco fiáveis e a conclusões erradas.

As organizações de saúde, as instituições de investigação e as agências reguladoras devem dar prioridade à normalização, interoperabilidade e privacidade dos dados para garantir a integridade e a fiabilidade dos conjuntos de dados biomédicos. Os esforços para melhorar a partilha de dados, a colaboração e a transparência são essenciais para facilitar a investigação orientada para a IA e acelerar a descoberta científica.

Interpretabilidade e transparência

A complexidade e a natureza de caixa negra dos algoritmos de IA colocam desafios à interpretabilidade, transparência e reprodutibilidade na investigação médica e na descoberta de medicamentos.

Os investigadores e os clínicos necessitam de modelos de IA interpretáveis que forneçam informações sobre os processos de tomada de decisão e os mecanismos biológicos subjacentes. As técnicas de IA explicáveis, como a análise da importância das características, a visualização de modelos e a inferência causal, melhoram a interpretabilidade e a fiabilidade das previsões de IA, permitindo aos investigadores validar hipóteses e tomar decisões informadas.

Considerações éticas e regulamentares

As implicações éticas e regulamentares da IA na investigação médica e na descoberta de medicamentos são complexas e multifacetadas, suscitando preocupações relacionadas com a privacidade, o consentimento, a equidade e a responsabilidade.

As agências reguladoras devem desenvolver directrizes e normas claras para a utilização ética da IA nos cuidados de saúde, garantindo a segurança dos doentes, a proteção dos dados e a transparência. Os quadros éticos devem dar prioridade à autonomia do doente, à beneficência e à justiça, salvaguardando contra potenciais danos e promovendo o acesso equitativo a inovações impulsionadas pela IA.

Cuidados e gestão de doentes através da IA

A Inteligência Artificial (IA) está a revolucionar os cuidados e a gestão dos doentes, capacitando os prestadores de cuidados de saúde com ferramentas e tecnologias avançadas para prestar cuidados personalizados, eficientes e eficazes. Desde a monitorização remota e a análise preditiva até aos sistemas de apoio à decisão clínica, as soluções orientadas para a

IA estão a transformar a experiência de cuidados de saúde tanto para os doentes como para os prestadores. Este capítulo explora o papel da IA nos cuidados e gestão de doentes, destacando as principais aplicações, benefícios e desafios.

Monitorização remota e tele-saúde

As soluções de tele-saúde e monitorização remota com recurso à IA permitem que os doentes recebam cuidados fora dos ambientes clínicos tradicionais, melhorando o acesso, a conveniência e a continuidade dos cuidados.

Monitorização remota de doentes

Os dispositivos de monitorização remota equipados com algoritmos de IA registam sinais vitais, sintomas e métricas de saúde em tempo real, permitindo aos prestadores de cuidados de saúde monitorizar remotamente o estado de saúde dos doentes. Estes dispositivos incluem sensores portáteis, aplicações móveis e sistemas de monitorização em casa que recolhem dados sobre parâmetros como o ritmo cardíaco, a tensão arterial, os níveis de glicose e os níveis de atividade.

Por exemplo, os dispositivos portáteis baseados em IA podem detetar ritmos cardíacos anormais indicativos de arritmias e alertar os doentes e os prestadores de cuidados para procurarem assistência médica. Do mesmo modo, as plataformas de monitorização remota podem acompanhar as alterações dos padrões respiratórios em doentes com doenças respiratórias crónicas, como a asma ou a DPOC, permitindo uma intervenção precoce e a prevenção de exacerbações.

Telemedicina e consultas virtuais

As plataformas de telemedicina alimentadas por IA permitem consultas virtuais e prestação de cuidados de saúde à distância, ligando os doentes a prestadores de cuidados de saúde através de videoconferência, mensagens e aplicações de telessaúde. Estas plataformas facilitam o acesso a aconselhamento médico, diagnóstico e tratamento sem a necessidade de visitas presenciais, em especial para os doentes em zonas rurais ou mal servidas.

Por exemplo, plataformas de telemedicina como a Teladoc Health e a Amwell oferecem consultas virtuais com médicos, especialistas e prestadores de cuidados de saúde mental, permitindo que os pacientes recebam cuidados e apoio atempados no conforto das suas casas. Os algoritmos de triagem baseados em IA avaliam os sintomas e os níveis de urgência dos pacientes para dar prioridade às consultas e encaminhá-los para os prestadores de serviços adequados, optimizando a utilização dos recursos e melhorando a satisfação dos pacientes.

Sistemas de apoio à decisão clínica

Os sistemas de apoio à decisão clínica (CDSS) alimentados por IA ajudam os prestadores de cuidados de saúde a tomar decisões e recomendações baseadas em provas, melhorando a precisão do diagnóstico, a eficácia do tratamento e a segurança dos doentes.

Apoio ao diagnóstico

Os CDSS analisam os dados dos doentes, incluindo o historial médico, os sintomas, os resultados laboratoriais e os resultados de imagiologia, para gerar diagnósticos diferenciais e recomendações de tratamento. Estes sistemas utilizam algoritmos de aprendizagem automática treinados em grandes conjuntos de dados de casos clínicos para identificar padrões e associações indicativos de doenças ou condições específicas.

Por exemplo, o CDSS pode analisar electrocardiogramas (ECGs) para detetar anomalias, como arritmias ou enfartes do miocárdio, fornecendo aos médicos alertas em tempo real e informações de diagnóstico. Do mesmo modo, o CDSS pode interpretar estudos de imagiologia médica, como raios X, tomografias computorizadas e ressonâncias magnéticas, para ajudar os radiologistas a detetar e diagnosticar doenças como fracturas, tumores e infecções.

Planeamento e otimização do tratamento

Os CDSS apoiam o planeamento e a otimização do tratamento, analisando os dados dos doentes e as orientações clínicas para recomendar intervenções e regimes terapêuticos baseados em provas. Estes sistemas têm em conta factores como os dados demográficos dos doentes, as comorbilidades, o historial de medicação e as interacções medicamentosas para adaptar os planos de tratamento às necessidades e preferências individuais dos doentes.

Por exemplo, o CDSS pode sugerir dosagens de medicação adequadas, vias de administração e frequência com base nas características do doente e nas directrizes clínicas. Estas recomendações ajudam os prestadores de cuidados de saúde a tomar decisões informadas e a minimizar o risco de eventos adversos ou erros de tratamento.

Análise preditiva e estratificação do risco

Os modelos de análise preditiva alimentados por IA analisam os dados dos pacientes para prever os resultados clínicos, a progressão da doença e a utilização dos cuidados de saúde, permitindo intervenções proactivas e planos de cuidados personalizados.

Estratificação do risco

Os modelos de análise preditiva estratificam os doentes em categorias de risco com base na sua probabilidade de desenvolverem determinadas condições ou de sofrerem eventos adversos. Estes modelos integram dados de registos de saúde electrónicos, testes laboratoriais e outras fontes para identificar factores preditivos e marcadores de risco associados a resultados específicos.

Por exemplo, os modelos de análise preditiva podem avaliar o risco de readmissão hospitalar, complicações cirúrgicas ou exacerbações de doenças crónicas, permitindo aos prestadores de cuidados de saúde dar prioridade às intervenções e atribuir recursos de forma mais eficaz. A estratificação do risco também apoia iniciativas de gestão da saúde da população, identificando indivíduos de alto risco que podem beneficiar de intervenções direccionadas ou de medidas preventivas.

Sistemas de alerta precoce

Os sistemas de alerta precoce baseados em IA monitorizam o estado de saúde e os sinais vitais dos doentes para detetar precocemente sinais de deterioração ou de deterioração clínica. Estes sistemas analisam os dados fisiológicos em tempo real, alertando os prestadores de cuidados de saúde para alterações que possam indicar complicações iminentes ou eventos adversos.

Por exemplo, os sistemas de alerta precoce podem detetar alterações nos sinais vitais, como a frequência cardíaca, a frequência respiratória e a pressão arterial, que podem sinalizar sepsia, paragem cardíaca ou insuficiência respiratória. Os alertas atempados permitem que os prestadores de cuidados de saúde iniciem as intervenções adequadas, como a reanimação com fluidos, a oxigenoterapia ou a administração de medicamentos, para evitar resultados adversos e melhorar os resultados dos doentes.

Envolvimento dos doentes e mudança de comportamento

As tecnologias de IA melhoram o envolvimento dos doentes e apoiam as iniciativas de mudança de comportamento, fornecendo intervenções personalizadas, educação e apoio aos doentes.

Coaching de saúde personalizado

As plataformas de coaching de saúde baseadas em IA fornecem orientação personalizada, educação e apoio para ajudar os pacientes a gerir condições crónicas, adotar comportamentos saudáveis e atingir os seus objectivos de saúde. Estas plataformas aproveitam os princípios da ciência comportamental, as técnicas de entrevista motivacional e os algoritmos de IA para adaptar as intervenções às preferências, estilos de vida e necessidades individuais dos pacientes.

Por exemplo, aplicações de coaching de saúde como a Livongo e a Omada Health oferecem recomendações personalizadas e feedback sobre dieta, exercício, adesão à medicação e gestão do stress. Estas aplicações utilizam a IA para analisar os dados de saúde dos utilizadores, acompanhar o progresso em relação aos objectivos e fornecer informações práticas e incentivos para apoiar a mudança de comportamento.

Envolvimento remoto dos doentes

Os assistentes virtuais e os chatbots alimentados por IA envolvem os doentes num diálogo e comunicação contínuos, fornecendo informações, lembretes e apoio para melhorar os cuidados pessoais e a adesão aos planos de tratamento.

Os assistentes virtuais podem responder às perguntas dos doentes, fornecer lembretes de medicação, marcar consultas e fornecer materiais de educação para a saúde personalizados. Estas interacções baseadas na IA promovem a capacitação, a autonomia e a auto-eficácia dos doentes, fomentando um sentido de parceria e colaboração entre os doentes e os prestadores de cuidados de saúde.

Desafios e considerações

Apesar dos potenciais benefícios da IA nos cuidados e na gestão dos doentes, há que ter em conta vários desafios e considerações para maximizar o seu impacto e garantir uma utilização ética e equitativa.

Privacidade e segurança dos dados

A recolha, o armazenamento e a partilha de dados dos doentes suscitam preocupações em termos de privacidade, confidencialidade e segurança. As organizações de cuidados de saúde devem implementar medidas robustas de proteção de dados, protocolos de encriptação e controlos de acesso para salvaguardar informações sensíveis e cumprir regulamentos como a Lei de Portabilidade e Responsabilidade dos Seguros de Saúde (HIPAA).

Preconceito e equidade algorítmica

Os algoritmos de IA podem apresentar enviesamentos e disparidades que podem afetar a tomada de decisões clínicas, as recomendações de tratamento e os resultados dos doentes. Os prestadores de cuidados de saúde devem avaliar criticamente as previsões e recomendações da IA para garantir a justiça, a equidade e a transparência nos cuidados aos doentes.

Adoção e integração de fornecedores

A adoção e integração bem sucedidas das tecnologias de IA nos fluxos de trabalho clínicos requerem a adesão dos prestadores de cuidados de saúde, formação e apoio para ultrapassar a resistência e o ceticismo. As organizações de cuidados de saúde devem investir na educação, na gestão da mudança e na conceção centrada no utilizador para facilitar a integração perfeita da IA na prática e maximizar os seus benefícios para os doentes e os prestadores de cuidados de saúde.

Considerações éticas sobre as aplicações de IA nos cuidados de saúde

À medida que a Inteligência Artificial (IA) continua a avançar nos cuidados de saúde, as considerações éticas tornam-se cada vez mais críticas. Os princípios éticos orientam o desenvolvimento, a implementação e a utilização de tecnologias de IA para garantir a segurança, a privacidade, a justiça e a transparência dos doentes. Este capítulo explora os dilemas éticos nas aplicações de IA nos cuidados de saúde, destacando os principais desafios, princípios e enquadramentos para uma adoção responsável da IA.

Privacidade do paciente e proteção de dados

A proteção da privacidade e confidencialidade dos pacientes é fundamental nas aplicações de IA para os cuidados de saúde. A recolha, o armazenamento e a partilha de dados dos doentes suscitam preocupações quanto à segurança dos dados, ao consentimento e ao acesso não autorizado.

Consentimento informado

Os prestadores de cuidados de saúde devem obter o consentimento informado dos doentes antes de recolherem, utilizarem ou partilharem os seus dados de saúde para aplicações de IA. O consentimento informado garante que os doentes compreendem o objetivo, os riscos e os benefícios do tratamento dos dados e têm autonomia para tomar decisões informadas sobre as suas preferências em matéria de privacidade.

Por exemplo, os doentes devem ser informados sobre a forma como os seus dados serão utilizados para algoritmos de diagnóstico baseados em IA, modelos de análise preditiva ou iniciativas de investigação. A comunicação clara e a transparência sobre as práticas de dados criam confiança e permitem que os doentes participem na tomada de decisões no domínio dos cuidados de saúde.

Governação e segurança dos dados

As organizações de cuidados de saúde devem implementar políticas robustas de governação de dados, protocolos de encriptação e controlos de acesso para proteger os dados dos doentes contra violações, roubo ou utilização indevida. Os protocolos seguros de armazenamento e transmissão de dados protegem as informações de saúde sensíveis e cumprem regulamentos como a Lei de Portabilidade e Responsabilidade dos Seguros de Saúde (HIPAA) e o Regulamento Geral de Proteção de Dados (GDPR).

Por exemplo, técnicas de encriptação, métodos de anonimização e estratégias de minimização de dados ajudam a mitigar os riscos de privacidade e a garantir que apenas o pessoal autorizado pode aceder aos dados dos pacientes para fins legítimos. Auditorias regulares, avaliações de risco e medidas de cibersegurança monitorizam e mitigam potenciais vulnerabilidades nos sistemas de IA e na infraestrutura de dados.

Preconceito e equidade nos algoritmos de IA

Os algoritmos de IA podem apresentar enviesamentos e disparidades que podem perpetuar as desigualdades sociais e afetar os resultados dos doentes. Os enviesamentos nos algoritmos de IA podem resultar de dados de formação enviesados, de algoritmos imperfeitos ou de processos algorítmicos de tomada de decisões.

Enviesamento dos dados de treino

O enviesamento dos dados de treino ocorre quando os algoritmos de IA aprendem com conjuntos de dados que reflectem enviesamentos históricos, estereótipos ou desigualdades presentes na sociedade. Dados de treinamento tendenciosos podem levar a previsões, recomendações ou decisões tendenciosas que afetam desproporcionalmente certos grupos demográficos ou comunidades marginalizadas.

Por exemplo, os algoritmos de IA treinados em dados de cuidados de saúde de populações predominantemente brancas podem apresentar enviesamentos raciais na precisão do diagnóstico, nas recomendações de tratamento ou na afetação de recursos. Estes preconceitos podem exacerbar as disparidades na saúde e contribuir para um acesso desigual a serviços de saúde de qualidade.

Equidade algorítmica

Para garantir a equidade algorítmica, é necessário avaliar e atenuar os enviesamentos nos algoritmos de IA para evitar resultados discriminatórios e promover a equidade na prestação de cuidados de saúde. As técnicas de aprendizagem automática conscientes da equidade, como as restrições de equidade, os algoritmos de atenuação de enviesamentos e as métricas de equidade, podem identificar e abordar os enviesamentos nos dados de formação e na tomada de decisões algorítmicas.

Por exemplo, os modelos conscientes da equidade ajustam as previsões ou decisões algorítmicas para atenuar o impacto ou o tratamento díspares entre diferentes grupos demográficos. As métricas de equidade quantificam o grau de equidade e disparidade nos resultados algorítmicos, permitindo às partes interessadas avaliar e comparar a equidade de diferentes modelos de IA.

Transparência e explicabilidade

A transparência e a explicabilidade são essenciais para criar confiança, responsabilidade e compreensão nas aplicações de IA nos cuidados de saúde. Os sistemas de IA transparentes fornecem explicações claras sobre os seus processos de tomada de decisão, pressupostos e limitações, permitindo que as partes interessadas avaliem a sua fiabilidade e validade.

IA explicável

As técnicas de IA explicável fornecem informações sobre a forma como os algoritmos de IA chegam às suas previsões, recomendações ou decisões, ajudando os utilizadores a compreender a lógica e os fundamentos subjacentes aos resultados algorítmicos. Estas técnicas incluem métodos de interpretabilidade de modelos, análise da importância das características e ferramentas de visualização de decisões que elucidam os factores e as considerações que determinam o comportamento algorítmico.

Por exemplo, a IA explicável pode fornecer aos médicos explicações interpretáveis das previsões de diagnóstico ou recomendações de tratamento, destacando características clínicas, biomarcadores ou factores de risco relevantes que influenciam a tomada de decisões. A IA explicável fomenta a confiança e a colaboração entre os utilizadores humanos e os sistemas de IA, facilitando a tomada de decisões informadas e melhorando os cuidados aos doentes.

CAPÍTULO 8

Mudanças sociais impulsionadas pela IA

Jyoti Kataria

Escola de Engenharia e Tecnologia

K. R. Mangalam University, Gurugram, Haryana, Índia

Sudesh Singh

Departamento de Informática

NIET, Greater Noida, Uttar Pradesh, Índia

Introdução

A Inteligência Artificial (IA) está a revolucionar vários aspectos das nossas vidas, incluindo as estruturas e relações sociais. A integração da IA nas interacções diárias, nos locais de trabalho e nas comunidades remodela a forma como as pessoas se relacionam, comunicam e colaboram.

Transformar a comunicação e a interação

As tecnologias de IA melhoram a comunicação, proporcionando novas formas de as pessoas se ligarem e interagirem, ultrapassando as distâncias geográficas e as barreiras culturais.

Assistentes virtuais e chatbots

Os assistentes virtuais e os chatbots facilitam a comunicação, oferecendo respostas instantâneas, tradução de idiomas e interacções personalizadas. Estas ferramentas baseadas em IA ajudam no agendamento, na recuperação de informações e no atendimento ao cliente, tornando as tarefas quotidianas mais eficientes e acessíveis.

Por exemplo, as plataformas alimentadas por IA, como o Google Assistant, o Siri e o Amazon Alexa, permitem que os utilizadores executem várias funções através de comandos de voz, aumentando a conveniência e a acessibilidade. No serviço ao cliente, os chatbots prestam apoio 24 horas por dia, 7 dias por semana, tratando de questões e resolvendo problemas sem intervenção humana.

Redes sociais e comunidades em linha

Os algoritmos de IA fazem a curadoria e personalizam os feeds das redes sociais, adaptando os conteúdos aos interesses e preferências dos utilizadores. Esta personalização promove o envolvimento e a ligação nas comunidades online, permitindo que os indivíduos partilhem experiências, interesses e ideias com pessoas que pensam da mesma forma.

Plataformas como o Facebook, o Twitter e o Instagram utilizam a IA para analisar o comportamento dos utilizadores, recomendar conteúdos e facilitar as interacções. Os sistemas de recomendação baseados em IA melhoram as experiências dos utilizadores ao sugerir publicações, grupos e eventos relevantes, promovendo ligações sociais e a criação de comunidades.

Redefinir os locais de trabalho e as relações profissionais

A IA tem impacto nos locais de trabalho através da automatização de tarefas, do aumento da produtividade e da transformação das relações profissionais. A integração da IA em vários sectores influencia a forma como as pessoas trabalham, colaboram e interagem com os seus colegas.

Automatização e funções de trabalho

A automatização impulsionada pela IA simplifica as tarefas repetitivas e mundanas, permitindo que os funcionários se concentrem em actividades de nível superior, criativas e estratégicas. A automatização melhora a eficiência, reduz os erros humanos e aumenta a produtividade em vários sectores, incluindo a indústria transformadora, os cuidados de saúde e as finanças.

Por exemplo, os sistemas alimentados por IA tratam da introdução de dados, da gestão de inventário e da manutenção preditiva na indústria transformadora, libertando os trabalhadores do trabalho manual. Nos cuidados de saúde, a IA ajuda na análise de imagens médicas, na monitorização de doentes e em tarefas administrativas, permitindo que os profissionais de saúde dediquem mais tempo aos cuidados dos doentes.

Trabalho remoto e colaboração

O aumento das ferramentas e plataformas de colaboração com IA apoia o trabalho remoto, permitindo às equipas comunicar, colaborar e gerir projectos de forma eficaz a partir de diferentes locais. A IA melhora as reuniões virtuais, a partilha de documentos e a gestão de projectos, promovendo a colaboração e a produtividade sem falhas.

Plataformas como o Zoom, o Microsoft Teams e o Slack tiram partido da IA para fornecer funcionalidades como a transcrição em tempo real, a tradução de línguas e a automatização de tarefas. Estas ferramentas facilitam a comunicação, a coordenação e a partilha de conhecimentos entre equipas remotas, transformando o local de trabalho tradicional e as relações profissionais.

Moldar a dinâmica familiar e as relações pessoais

As tecnologias de IA influenciam a dinâmica familiar e as relações pessoais, fornecendo ferramentas e plataformas que melhoram a conetividade, o apoio e os cuidados no seio dos agregados familiares.

Dispositivos domésticos inteligentes

Os dispositivos domésticos inteligentes alimentados por IA aumentam a comodidade, a segurança e o conforto, melhorando a qualidade de vida das famílias. Estes dispositivos incluem altifalantes inteligentes, termóstatos, câmaras de segurança e sistemas de domótica que respondem a comandos de voz e aprendem as preferências do utilizador.

Por exemplo, os altifalantes inteligentes como o Amazon Echo e o Google Home permitem que os membros da família controlem a iluminação, o aquecimento e os aparelhos através de comandos de voz. As câmaras de segurança e os sistemas de campainha orientados para a IA fornecem alertas em tempo real e monitorização remota, melhorando a segurança e a tranquilidade da casa.

Cuidados a idosos e tecnologias de assistência

As tecnologias de IA desempenham um papel crucial nos cuidados e apoio aos idosos, fornecendo ferramentas e soluções que melhoram a independência, a segurança e o bem-estar dos adultos mais velhos. As tecnologias de assistência baseadas em IA incluem dispositivos portáteis, sistemas de monitorização da saúde e acompanhantes virtuais que oferecem cuidados e assistência personalizados.

Por exemplo, os sistemas de monitorização da saúde alimentados por IA monitorizam os sinais vitais, a adesão à medicação e os níveis de atividade, alertando os prestadores de cuidados para potenciais problemas de saúde. Os acompanhantes virtuais, como os animais de estimação robóticos e os robôs sociais com IA, proporcionam companhia, estimulação cognitiva e apoio emocional, reduzindo a solidão e melhorando a qualidade de vida dos idosos.

Considerações éticas e implicações sociais

A adoção generalizada da IA suscita considerações éticas e implicações sociais que devem ser abordadas para garantir uma utilização responsável e equitativa.

Privacidade e vigilância

A integração da IA nas comunicações, nos locais de trabalho e nos lares suscita preocupações em matéria de privacidade e vigilância. Os sistemas orientados para a IA recolhem e analisam grandes quantidades de dados pessoais, o que pode levar ao acesso não autorizado, à utilização indevida ou à exploração de informações sensíveis.

Por exemplo, os dispositivos domésticos inteligentes e os assistentes virtuais recolhem dados sobre as actividades, preferências e interacções dos utilizadores, o que suscita preocupações sobre a privacidade e a segurança dos dados. Garantir medidas robustas de proteção de dados, transparência e consentimento do utilizador é essencial para salvaguardar a privacidade e criar confiança nas tecnologias de IA.

Preconceito e equidade

Os algoritmos de IA podem apresentar preconceitos que afectam as estruturas e as relações sociais, conduzindo à discriminação ou à desigualdade de tratamento. Os preconceitos nos sistemas de IA podem resultar de dados de formação tendenciosos, da conceção algorítmica ou de práticas de implantação, perpetuando as desigualdades e injustiças sociais.

Por exemplo, os algoritmos de IA tendenciosos nos processos de contratação podem prejudicar certos grupos demográficos, afectando as oportunidades de emprego e as relações profissionais. Abordar os preconceitos e promover a equidade no desenvolvimento e implantação da IA é crucial para garantir resultados equitativos e justiça social.

Fosso digital e acessibilidade

fosso digital e o acesso desigual às tecnologias de IA podem exacerbar as desigualdades sociais, limitando os benefícios da IA para as comunidades marginalizadas e mal servidas. Garantir a acessibilidade, a acessibilidade económica e a inclusão na adoção da IA é essencial para colmatar o fosso digital e promover a equidade social.

Por exemplo, o fornecimento de acesso à Internet a preços acessíveis, programas de literacia digital e soluções de IA inclusivas podem capacitar as comunidades carenciadas e reforçar a coesão social. A promoção da diversidade e da inclusão no desenvolvimento e na implantação da IA garante que os benefícios da IA sejam acessíveis a todos os membros da sociedade.

Alterações no estilo de vida e nas rotinas diárias

A Inteligência Artificial (IA) está a transformar as rotinas diárias e os estilos de vida, introduzindo soluções inovadoras que aumentam a conveniência, a eficiência e a personalização. Desde dispositivos domésticos inteligentes e assistentes virtuais a sistemas de monitorização da saúde e recomendações personalizadas, as tecnologias de IA estão perfeitamente integradas nas actividades diárias, remodelando a forma como as pessoas vivem, trabalham e interagem.

Tecnologias para casas inteligentes

As tecnologias domésticas inteligentes alimentadas por IA aumentam a comodidade, a segurança e o conforto, revolucionando a forma como as pessoas gerem os seus lares e interagem com os seus ambientes de vida.

Altifalantes inteligentes e assistentes virtuais

Os altifalantes inteligentes e os assistentes virtuais, como o Amazon Echo, o Google Home e o Apple HomePod, fornecem controlo ativado por voz sobre várias funções domésticas. Estes dispositivos permitem aos utilizadores realizar tarefas como definir lembretes, reproduzir música, controlar aparelhos inteligentes e aceder a informações através de comandos de voz.

Por exemplo, os utilizadores podem pedir aos assistentes virtuais que ajustem o termóstato, desliguem as luzes ou tranquem as portas, aumentando a comodidade e a eficiência energética. Os assistentes virtuais também fornecem recomendações personalizadas, actualizações meteorológicas e resumos de notícias, integrando-se perfeitamente nas rotinas diárias.

Sistemas de automação residencial

Os sistemas de domótica integram vários dispositivos inteligentes, permitindo aos utilizadores controlar e monitorizar as suas casas remotamente através de aplicações móveis ou comandos de voz. Estes sistemas incluem termóstatos inteligentes, controlos de iluminação, câmaras de segurança e fechaduras inteligentes que melhoram a segurança da casa, a gestão da energia e o conforto geral.

Por exemplo, os termóstatos inteligentes, como o Nest e o Ecobee, aprendem as preferências dos utilizadores e ajustam automaticamente as definições de aquecimento e refrigeração, optimizando a utilização de energia e reduzindo as contas de serviços públicos. Os sistemas de iluminação inteligentes, como o Philips Hue, permitem aos utilizadores programar rotinas de iluminação, ajustar o brilho e alterar as cores para criar um ambiente personalizado.

Saúde e bem-estar

As tecnologias de IA desempenham um papel significativo na promoção da saúde e do bem-estar, fornecendo ferramentas e soluções que apoiam a boa forma física, a nutrição, a saúde mental e a gestão de doenças crónicas.

Rastreadores de fitness e atividade

Os rastreadores de fitness e atividade alimentados por IA, como o Fitbit, o Apple Watch e o Garmin, monitorizam a atividade física, o ritmo cardíaco, os padrões de sono e outras métricas de saúde. Estes dispositivos fornecem informações personalizadas, definição de objectivos e acompanhamento do progresso, motivando os utilizadores a adotar estilos de vida mais saudáveis e a atingir os seus objectivos de fitness.

Por exemplo, os rastreadores de atividade oferecem lembretes para se movimentar, exercícios guiados e feedback do desempenho, incentivando os utilizadores a manterem-se activos e a manterem o bem-estar físico. As funcionalidades de controlo do sono analisam a qualidade e os padrões do sono, fornecendo recomendações para melhorar a higiene do sono e a saúde em geral.

Apps personalizadas de nutrição e dieta

As aplicações de nutrição e dieta orientadas por IA, como o MyFitnessPal, o Noom e o Foodvisor, oferecem um planeamento de refeições personalizado, controlo de calorias e recomendações dietéticas com base nos objectivos e preferências de saúde dos utilizadores. Estas aplicações analisam a ingestão de alimentos, a composição de nutrientes e os padrões alimentares para fornecer conselhos personalizados e apoiar hábitos alimentares saudáveis.

Por exemplo, os utilizadores podem registar as suas refeições e receber feedback em tempo real sobre o conteúdo nutricional, o tamanho das porções e a ingestão de calorias. Os planos de dieta e as receitas personalizadas ajudam os utilizadores a atingir objectivos de saúde específicos, como a perda de peso, o ganho muscular ou a melhoria da saúde metabólica.

Saúde mental e bem-estar

As tecnologias de IA apoiam a saúde mental e o bem-estar, fornecendo ferramentas para a gestão do stress, a atenção plena e o apoio emocional. As aplicações de saúde mental baseadas em IA e os terapeutas virtuais oferecem recursos para relaxamento, meditação, terapia cognitivo-comportamental (TCC) e avaliações de saúde mental.

Por exemplo, aplicações como Headspace, Calm e Woebot oferecem sessões de meditação guiada, exercícios de respiração e funcionalidades de monitorização do estado de espírito para promover o bem-estar mental e reduzir o stress. Os terapeutas virtuais fornecem aconselhamento baseado em conversação e ferramentas de autoajuda, oferecendo apoio e orientação para gerir a ansiedade, a depressão e outras condições de saúde mental.

Transportes e Mobilidade

A IA transforma os transportes e a mobilidade, melhorando a segurança, a eficiência e a comodidade das viagens através de veículos autónomos, serviços de partilha de boleias e sistemas inteligentes de gestão do tráfego.

Veículos autónomos

Os veículos autónomos (AV), ou carros autónomos, utilizam tecnologias de IA como a visão por computador, a fusão de sensores e a aprendizagem automática para navegar e funcionar sem intervenção humana. Os AV têm potencial para reduzir os acidentes de viação, melhorar a segurança rodoviária e aumentar a mobilidade das pessoas com deficiência ou com acesso limitado aos transportes.

Por exemplo, empresas como a Tesla, a Waymo e a Uber estão a desenvolver tecnologias de veículos autónomos que permitem que os automóveis conduzam em segurança em vários ambientes e condições. Os AVs podem otimizar rotas, reduzir o congestionamento do tráfego e fornecer serviços de transporte a pedido, transformando o futuro da mobilidade.

Serviços de mobilidade e de partilha de boleias

Os serviços de mobilidade e de partilha de boleias alimentados por IA, como a Uber, a Lyft e a Didi, oferecem opções de transporte convenientes e económicas através de aplicações móveis. Estes serviços utilizam algoritmos de IA para fazer corresponder os passageiros aos condutores, otimizar as rotas e prever a procura, melhorando a eficiência e a acessibilidade dos transportes urbanos.

Por exemplo, as aplicações de partilha de boleias fornecem actualizações em tempo real sobre a disponibilidade de veículos, horas previstas de chegada e cálculos de tarifas. Os modelos preditivos baseados em IA analisam os padrões de tráfego, as condições meteorológicas e o comportamento dos utilizadores para antecipar a procura e atribuir recursos de forma eficaz, garantindo serviços de transporte fiáveis e atempados.

Serviços de streaming e recomendações de conteúdos

Os serviços de streaming baseados em IA, como o Netflix, o Spotify e o YouTube, utilizam algoritmos de recomendação para sugerir filmes, programas de televisão, música e vídeos com base nas preferências e no histórico de visualizações dos utilizadores. Estas recomendações personalizadas aumentam a satisfação e o envolvimento dos utilizadores, fornecendo conteúdos que correspondem a gostos e interesses individuais.

Por exemplo, o algoritmo de recomendação da Netflix analisa os padrões de visualização, as classificações e as interacções dos utilizadores para sugerir conteúdos relevantes, criando uma experiência de visualização personalizada. As recomendações musicais do Spotify, baseadas em IA, seleccionam listas de reprodução e descobrem novos artistas, proporcionando viagens musicais personalizadas aos utilizadores.

Experiências interactivas e imersivas

As tecnologias de IA permitem experiências de entretenimento interactivas e imersivas através da realidade virtual (RV), da realidade aumentada (RA) e de plataformas de narração interactiva. Estas experiências oferecem aos utilizadores novas formas de interagir com conteúdos, explorar ambientes virtuais e participar em narrativas interactivas.

Por exemplo, as plataformas de RV como a Oculus e a PlayStation VR oferecem experiências de jogo imersivas, transportando os utilizadores para mundos virtuais com gráficos realistas e elementos interactivos. As aplicações de RA, como o Pokémon Go e o Snapchat, sobrepõem conteúdos digitais ao mundo real, melhorando o entretenimento e as interacções sociais através de experiências interactivas e aumentadas.

IA nos serviços públicos e na governação

A Inteligência Artificial (IA) tem o potencial de transformar os serviços públicos e a governação, melhorando a eficiência, a transparência e a participação dos cidadãos. Ao tirar partido das tecnologias de IA, os governos e as instituições públicas podem melhorar a prestação de serviços, otimizar a atribuição de recursos e enfrentar desafios societais complexos.

Melhorar a prestação e a eficiência dos serviços

As tecnologias de IA simplificam os serviços públicos, tornando-os mais eficientes, acessíveis e reactivos às necessidades dos cidadãos.

Serviços governamentais digitais

Os serviços governamentais digitais orientados para a IA permitem que os cidadãos acedam aos serviços públicos em linha, reduzindo a necessidade de visitas presenciais e de documentação. Estes serviços incluem portais em linha, chatbots e assistentes virtuais que fornecem informações, processam candidaturas e resolvem questões.

Por exemplo, os sítios Web e as aplicações governamentais utilizam chatbots alimentados por IA para ajudar os cidadãos a declarar impostos, a candidatar-se a benefícios e a aceder a registos públicos. Os assistentes virtuais guiam os utilizadores através de processos complexos, respondem a perguntas frequentes e fornecem actualizações em tempo real sobre o estado dos pedidos.

Análise preditiva para atribuição de recursos

Os modelos de análise preditiva baseados em IA ajudam os governos a atribuir recursos de forma mais eficaz, analisando dados sobre tendências populacionais, procura de serviços e condições económicas. Estes modelos prevêem necessidades futuras e optimizam a distribuição de recursos, garantindo que os serviços públicos são prestados onde são mais necessários.

Por exemplo, a análise preditiva pode prever a procura de cuidados de saúde, permitindo às autoridades de saúde pública afetar recursos médicos, pessoal e instalações a áreas com surtos previstos ou maior número de doentes. Do mesmo modo, os modelos preditivos informam o planeamento urbano, a gestão dos transportes e a resposta a catástrofes, melhorando a eficiência e a eficácia dos serviços públicos.

Melhorar a transparência e a responsabilização

A IA aumenta a transparência e a responsabilização na governação, fornecendo ferramentas e plataformas que promovem os dados abertos, a participação pública e a supervisão.

Iniciativas de dados abertos

As tecnologias de IA apoiam iniciativas de dados abertos através do processamento e análise de grandes conjuntos de dados, tornando os dados governamentais mais acessíveis e compreensíveis para o público. As plataformas de dados abertos fornecem informações sobre as actividades, as despesas e o desempenho da administração pública, promovendo a transparência e a participação informada dos cidadãos.

Por exemplo, as ferramentas de visualização de dados baseadas em IA apresentam dados complexos em formatos de fácil utilização, como painéis e mapas interactivos, permitindo aos cidadãos explorar e analisar dados governamentais. As iniciativas de dados abertos aumentam a responsabilização, proporcionando transparência na despesa pública, nos resultados das políticas e nas métricas de prestação de serviços.

Deteção de fraudes e luta contra a corrupção

Os sistemas de deteção de fraudes baseados em IA identificam e previnem actividades fraudulentas, corrupção e má conduta nos serviços públicos e na governação. Estes sistemas analisam padrões, anomalias e transacções para detetar potenciais fraudes e irregularidades, melhorando a supervisão e a responsabilização.

Por exemplo, os algoritmos de IA monitorizam as transacções financeiras, os processos de aquisição e os programas de assistência social para identificar actividades suspeitas, tais como desvio de fundos, suborno e falsas declarações. Ao sinalizar potenciais fraudes e corrupção, a IA apoia os esforços anticorrupção e promove a integridade nas operações do sector público.

Reforçar o empenhamento e a participação dos cidadãos

As tecnologias de IA facilitam o envolvimento e a participação dos cidadãos na governação, fornecendo plataformas e ferramentas de comunicação, colaboração e feedback.

Plataformas de participação eletrónica

As plataformas de participação eletrónica baseadas na IA permitem que os cidadãos participem nos processos de tomada de decisões, no desenvolvimento de políticas e nas consultas públicas. Estas plataformas utilizam a IA para analisar as opiniões, os sentimentos e as preferências do público, fornecendo informações valiosas aos decisores políticos e reforçando a participação democrática.

Por exemplo, os fóruns em linha, os inquéritos e as ferramentas de análise das redes sociais recolhem o feedback dos cidadãos sobre as políticas propostas, as dotações orçamentais e os projectos comunitários. Os algoritmos de IA analisam o feedback, identificam temas-chave e resumem os sentimentos do público, informando os decisores políticos e melhorando a capacidade de resposta da governação.

Iniciativas de cidades inteligentes

As tecnologias de IA impulsionam iniciativas de cidades inteligentes que melhoram a vida urbana através de infra-estruturas inteligentes, serviços orientados por dados e soluções centradas no cidadão. As cidades inteligentes tiram partido da IA para otimizar os transportes, a gestão de energia, a eliminação de resíduos e a segurança pública, melhorando a qualidade de vida dos residentes.

Por exemplo, os sistemas de gestão de tráfego alimentados por IA monitorizam e controlam o fluxo de tráfego, reduzindo o congestionamento e as emissões. As redes energéticas inteligentes utilizam a IA para equilibrar a oferta e a procura, otimizar a utilização de energia e integrar fontes de energia renováveis. Os sistemas de segurança pública baseados em IA analisam dados de vigilância, detectam incidentes e coordenam respostas de emergência, melhorando a segurança e a resiliência urbanas.

Abordar a desigualdade e a acessibilidade com a IA

A Inteligência Artificial (IA) promete combater as desigualdades e melhorar a acessibilidade em vários domínios, incluindo a educação, os cuidados de saúde, o emprego e os serviços públicos. Ao tirar partido das tecnologias de IA, as sociedades podem colmatar as lacunas no acesso a recursos, oportunidades e serviços, promovendo a equidade e a inclusão sociais.

Colmatar as desigualdades no domínio da educação

As tecnologias de IA desempenham um papel crucial na redução das desigualdades educativas, proporcionando experiências de aprendizagem personalizadas, recursos educativos acessíveis e apoio a comunidades carenciadas.

Plataformas de aprendizagem personalizada

As plataformas de aprendizagem personalizada baseadas em IA, como a Khan Academy, o Coursera e o Duolingo, adaptam os conteúdos educativos às necessidades, preferências e progressos individuais dos alunos. Estas plataformas oferecem lições personalizadas, exercícios interactivos e feedback em tempo real, melhorando os resultados da aprendizagem e o envolvimento.

Por exemplo, os algoritmos de IA analisam o desempenho dos alunos, identificam os pontos fortes e fracos e recomendam planos de estudo e recursos personalizados. Os sistemas de aprendizagem adaptativa fornecem apoio direcionado, permitindo aos alunos dominar conceitos ao seu próprio ritmo e ultrapassar desafios de aprendizagem.

Recursos educativos acessíveis

As tecnologias de IA melhoram a acessibilidade aos recursos educativos para os estudantes com deficiência, barreiras linguísticas e acesso limitado às instituições de ensino tradicionais. As ferramentas baseadas em IA incluem software de conversão de texto em voz, serviços de tradução de línguas e plataformas de aprendizagem à distância que proporcionam oportunidades educativas inclusivas e equitativas.

Por exemplo, o software de conversão de texto em voz alimentado por IA, como o NaturalReader e o Read&Write, converte texto escrito em palavras faladas, apoiando os alunos com deficiências visuais e dificuldades de leitura. Os serviços de tradução de línguas, como o Google Translate e o Microsoft Translator, eliminam as barreiras linguísticas, permitindo aos alunos aceder a conteúdos educativos nas suas línguas maternas.

Melhorar o acesso aos cuidados de saúde e a equidade

As tecnologias de IA melhoram o acesso aos cuidados de saúde e a equidade, fornecendo soluções de cuidados remotos, análises preditivas e planos de tratamento personalizados que abordam as disparidades na prestação e nos resultados dos cuidados de saúde.

Telemedicina e cuidados à distância

As plataformas de telemedicina baseadas em IA, como a Teladoc e a Amwell, oferecem consultas, diagnósticos e tratamentos à distância, alargando o acesso aos serviços de saúde a populações carenciadas e remotas. Estas plataformas utilizam a IA para fazer a triagem dos doentes, recomendar tratamentos e facilitar a comunicação entre os doentes e os prestadores de cuidados de saúde.

Por exemplo, os chatbots e os assistentes de saúde virtuais baseados em IA orientam os pacientes através de avaliações de sintomas, fornecem aconselhamento médico e agendam consultas com profissionais de saúde. Os dispositivos de monitorização remota e os rastreadores de saúde portáteis permitem a monitorização contínua da saúde, apoiando os cuidados proactivos e preventivos.

Análise preditiva para a equidade na saúde

Os modelos de análise preditiva baseados em IA analisam dados de saúde para identificar populações em risco, prever surtos de doenças e afetar recursos de cuidados de saúde de forma mais eficaz. Estes modelos apoiam intervenções de saúde pública, prevenção de doenças e otimização de recursos, abordando as disparidades na saúde e melhorando a equidade na saúde.

Por exemplo, a análise preditiva pode prever a propagação de doenças infecciosas, permitindo às autoridades de saúde pública direcionar campanhas de vacinação, distribuir material médico e implementar medidas de contenção em áreas de alto risco. Os algoritmos de IA analisam os determinantes sociais da saúde, como o estatuto socioeconómico e os factores ambientais, para identificar disparidades na saúde e informar intervenções específicas.

Promoção de oportunidades de emprego

As tecnologias de IA promovem oportunidades de emprego, fornecendo serviços de correspondência entre empregos, plataformas de desenvolvimento de competências e práticas de contratação inclusivas que apoiam grupos diversos e sub-representados.

Plataformas de recrutamento e correspondência de empregos

As plataformas de recrutamento e correspondência de empregos baseadas em IA, como o LinkedIn, o Indeed e o ZipRecruiter, utilizam algoritmos de aprendizagem automática para fazer corresponder os candidatos a emprego a oportunidades de emprego adequadas com base nas suas competências, experiências e preferências. Estas plataformas aumentam a eficiência da procura de emprego, reduzem o desemprego e apoiam a diversidade da mão de obra.

Por exemplo, os algoritmos de IA analisam os currículos, os perfis e as preferências de emprego dos candidatos a emprego para recomendar anúncios de emprego relevantes e ligá-los a potenciais empregadores. As ferramentas de recrutamento baseadas em IA seleccionam os candidatos, avaliam as qualificações e reduzem os preconceitos nos processos de contratação, promovendo práticas de emprego justas e inclusivas.

Desenvolvimento de competências e formação

As plataformas de desenvolvimento de competências e formação alimentadas por IA, como a Udacity, Skillshare e LinkedIn Learning, oferecem percursos de aprendizagem personalizados, cursos online e programas de certificação que apoiam a educação contínua e o crescimento profissional. Estas plataformas abordam as lacunas de competências, melhoram a empregabilidade e capacitam os indivíduos para se adaptarem às mudanças nos mercados de trabalho.

Por exemplo, os algoritmos de IA recomendam cursos e materiais de aprendizagem adaptados com base nos objectivos de carreira, níveis de competências e preferências de aprendizagem dos utilizadores. Tutoriais interactivos, laboratórios virtuais e projectos do mundo real proporcionam experiência prática e desenvolvimento de competências práticas, preparando os indivíduos para oportunidades de emprego novas e emergentes.

CAPÍTULO 9

Perspectivas globais sobre a IA

Jyoti Kataria

Escola de Engenharia e Tecnologia

K. R. Mangalam University, Gurugram, Haryana, Índia

Vijay Singh

Escola de Engenharia e Tecnologia de Amity

Universidade de Amity, Noida, UP, Índia

Introdução

A Inteligência Artificial (IA) está a revolucionar as indústrias e as sociedades em todo o mundo, mas o ritmo e a natureza do seu desenvolvimento variam significativamente consoante a região.

América do Norte

A América do Norte, em particular os Estados Unidos, é um dos principais centros de inovação e desenvolvimento de IA. Lar de gigantes tecnológicos como a Google, a Microsoft e a IBM, a região possui um ecossistema robusto de investigação, desenvolvimento e comercialização de IA.

Investigação e Academia

A forte ênfase da América do Norte na investigação e no meio académico alimenta os seus avanços na IA. Instituições de prestígio como o MIT, Stanford e Carnegie Mellon estão na vanguarda da investigação em IA, contribuindo com estudos inovadores e promovendo o talento. As iniciativas governamentais, como a Iniciativa Nacional de IA nos EUA, apoiam a investigação e o desenvolvimento da IA, com o objetivo de manter a liderança nas tecnologias de IA.

Inovação comercial

As empresas tecnológicas da América do Norte são importantes motores da inovação em IA, desenvolvendo aplicações de ponta no processamento de linguagem natural, visão computacional e sistemas autónomos. Por exemplo, a DeepMind e a OpenAI da Google são famosas pelas suas contribuições para a investigação e o desenvolvimento da IA, incluindo avanços na aprendizagem automática e nas redes neuronais.

Investimento e empresas em fase de arranque

O próspero panorama de investimento da região apoia numerosas empresas em fase de arranque no domínio da IA, com o capital de risco a fluir para empresas de IA inovadoras. O Vale do Silício, em particular, é um ponto de acesso para as empresas em fase de arranque no domínio da IA, atraindo financiamentos significativos e promovendo uma cultura de inovação e empreendedorismo.

Europa

A Europa é também um ator-chave no domínio da IA, caracterizado por um forte quadro regulamentar e iniciativas de investigação em colaboração.

Regulamentação e ética

A Europa dá ênfase ao desenvolvimento ético da IA, com a União Europeia (UE) a desempenhar um papel fundamental no estabelecimento de regulamentos e normas de IA. O Regulamento Geral sobre a Proteção de Dados (RGPD) da UE estabelece normas rigorosas de proteção de dados, influenciando o desenvolvimento da IA e garantindo a privacidade e a transparência.

Investigação em colaboração

Os países europeus colaboram amplamente na investigação sobre IA através de iniciativas como o Horizonte Europa, o programa de investigação e inovação da UE. Esta abordagem de colaboração promove projectos de investigação transfronteiriços, reunindo recursos e conhecimentos especializados para fazer avançar as tecnologias de IA.

Indústria e inovação

Países como a Alemanha, o Reino Unido e a França são os principais inovadores em matéria de IA, centrando-se nas aplicações industriais, nos cuidados de saúde e nas tecnologias automóveis. O forte sector da indústria transformadora da Alemanha integra a IA nas iniciativas da Indústria 4.0, melhorando a automatização e a eficiência.

Ásia

A Ásia, em particular a China, está a emergir rapidamente como uma força dominante no desenvolvimento da IA, impulsionada por um investimento governamental substancial e por uma aposta na implementação em grande escala.

Apoio governamental

O governo da China desempenha um papel crucial no desenvolvimento da IA, com planos ambiciosos delineados no Plano de Desenvolvimento da Nova Geração de Inteligência Artificial. O plano tem como objetivo fazer da China um líder mundial em IA até 2030, centrando-se na investigação, desenvolvimento e aplicações industriais de IA.

Investigação e Academia

As instituições académicas da China, como a Universidade de Tsinghua e a Universidade de Pequim, estão a dar contributos significativos para a investigação em IA. O país também beneficia de uma grande reserva de talentos em IA, apoiada por bolsas de estudo e subsídios de investigação do governo.

Aplicações comerciais e industriais

Os gigantes tecnológicos chineses, como o Baidu, o Alibaba e o Tencent, estão na vanguarda da inovação da IA, desenvolvendo aplicações no comércio eletrónico, finanças, cuidados de saúde e condução autónoma. A aposta da China na IA na indústria transformadora e nas cidades inteligentes impulsiona ainda mais a adoção e implementação da IA em vários sectores.

Médio Oriente

O Médio Oriente está a reconhecer cada vez mais o potencial da IA para impulsionar o crescimento económico e a diversificação, com países como os EAU e a Arábia Saudita a liderarem iniciativas regionais de IA.

Iniciativas governamentais

A Estratégia Nacional de IA 2031 dos EAU visa posicionar o país como líder global em IA, concentrando-se em sectores como os cuidados de saúde, os transportes e a educação. A Visão 2030 da Arábia Saudita inclui investimentos significativos em IA para diversificar a economia e reduzir a dependência das receitas do petróleo.

Investigação e desenvolvimento

O Médio Oriente está a investir na investigação e desenvolvimento da IA, estabelecendo centros de investigação e promovendo parcerias com líderes mundiais da IA. Instituições como a Universidade de Inteligência Artificial Mohamed bin Zayed (MBZUAI), nos Emirados Árabes Unidos, dedicam-se a promover a investigação e o ensino da IA.

África

O desenvolvimento da IA em África está a ganhar ímpeto, com destaque para o aproveitamento da IA para enfrentar os desafios locais e impulsionar o desenvolvimento sustentável.

Soluções locais

Os países africanos estão a aproveitar a IA para resolver questões como o acesso aos cuidados de saúde, a produtividade agrícola e a inclusão financeira. As soluções baseadas em IA, como as ferramentas de agricultura de precisão e as aplicações móveis de saúde, abordam desafios prementes e melhoram os meios de subsistência.

Pólos de inovação

Os centros de inovação e as incubadoras tecnológicas em toda a África, como o AI Lab no Gana e o iHub de Nairobi, estão a promover a inovação da IA e a apoiar as empresas em fase de arranque. Estes centros fornecem recursos, mentoria e financiamento para alimentar o talento local e impulsionar o desenvolvimento da IA.

Esforços de colaboração

As colaborações e parcerias internacionais desempenham um papel vital no avanço da IA em África. Iniciativas como a IA para o Desenvolvimento (AI4D) promovem a colaboração entre investigadores africanos e peritos mundiais, facilitando o intercâmbio de conhecimentos e o desenvolvimento de capacidades.

Colaborações e concursos internacionais

A Inteligência Artificial (IA) é um fenómeno global, com países de todo o mundo envolvidos em colaborações e competições para fazer avançar as suas capacidades de IA.

O papel das colaborações internacionais

As colaborações internacionais no domínio da IA promovem o intercâmbio de conhecimentos, a partilha de recursos e os esforços conjuntos de investigação, acelerando os avanços da IA e dando resposta aos desafios globais.

Parcerias de investigação

As parcerias de investigação em colaboração reúnem instituições académicas, organizações de investigação e líderes da indústria de diferentes países para fazer avançar a investigação em IA. Estas parcerias facilitam o intercâmbio de ideias, conhecimentos e dados, conduzindo a descobertas e inovações revolucionárias.

Por exemplo, a Partnership on AI, um consórcio de empresas tecnológicas globais e instituições de investigação, promove a colaboração na investigação e nas melhores práticas de IA. A Aliança Europeia de IA, apoiada pela Comissão Europeia, reúne as partes interessadas para debater os desenvolvimentos, a ética e a política da IA.

Iniciativas transfronteiriças

As iniciativas transfronteiriças de IA abordam desafios partilhados e potenciam a experiência colectiva. Iniciativas como a Parceria Global sobre Inteligência Artificial (GPAI) e a Cimeira Global AI for Good visam promover o desenvolvimento e a aplicação responsáveis da IA em todo o mundo.

A GPAI, lançada por países como o Canadá, a França e o Japão, centra-se na ética, na governação e no impacto social da IA, promovendo a colaboração internacional em questões relacionadas com a IA. A Cimeira Global AI for Good, organizada pela União Internacional das

Telecomunicações (UIT), reúne especialistas em IA, decisores políticos e líderes da indústria para explorar soluções de IA para desafios globais.

Partilha de dados e recursos

As colaborações internacionais permitem a partilha de dados e recursos, melhorando a qualidade e o âmbito da investigação em IA. O acesso a diversos conjuntos de dados, recursos informáticos e infra-estruturas de investigação favorece modelos de IA mais abrangentes e inclusivos.

Por exemplo, iniciativas como o Open AI Consortium e o International Data Science in Schools Project (IDSSP) promovem a partilha de dados e a investigação colaborativa, impulsionando os avanços na IA e no ensino da ciência dos dados.

Implicações estratégicas dos concursos de IA

As competições de IA entre países impulsionam a inovação tecnológica, o crescimento económico e a influência geopolítica. A corrida à liderança na tecnologia da IA tem implicações significativas na dinâmica do poder mundial e no desenvolvimento económico.

Liderança tecnológica

Os países esforçam-se por alcançar a liderança tecnológica em IA para obterem uma vantagem competitiva em termos de inovação e crescimento económico. A liderança na tecnologia de IA melhora as capacidades de um país em vários sectores, incluindo os cuidados de saúde, as finanças, a defesa e a indústria transformadora.

Por exemplo, os Estados Unidos e a China estão envolvidos numa competição estratégica pela supremacia da IA, com ambas as nações a investirem fortemente na investigação, desenvolvimento e comercialização de IA. Os EUA tiram partido do seu sólido ecossistema tecnológico e das suas instituições de investigação, enquanto a China beneficia de apoio governamental e de um vasto conjunto de dados.

Crescimento económico

O crescimento económico impulsionado pela IA é uma motivação fundamental para os países que competem na arena da IA. As tecnologias de IA têm o potencial de aumentar a produtividade, criar novas indústrias e gerar valor económico.

Por exemplo, a PwC estima que a IA poderá contribuir com até 15,7 biliões de dólares para a economia global até 2030, com ganhos significativos em sectores como o retalho, os cuidados de saúde e a indústria transformadora. Os países líderes em IA podem capitalizar estas oportunidades económicas, impulsionando a criação de emprego e a inovação.

Influência geopolítica

A concorrência da IA também tem implicações geopolíticas, uma vez que a liderança tecnológica pode aumentar a influência global e as capacidades de segurança de um país. As tecnologias de IA estão cada vez mais integradas nas operações de defesa e de informação, com impacto nas estratégias de segurança nacional.

Por exemplo, as aplicações militares impulsionadas pela IA, como os sistemas de armas autónomos e a análise de informações, são áreas críticas de interesse para as potências mundiais. Os Estados Unidos, a China e a Rússia estão a investir na IA para reforçar as suas capacidades de defesa e manter vantagens estratégicas.

Desafios e considerações éticas

As colaborações e competições internacionais no domínio da IA apresentam desafios e considerações éticas que devem ser abordados para garantir um desenvolvimento responsável e equitativo.

Normas éticas e governação

O estabelecimento de normas éticas e de quadros de governação para a IA é crucial para abordar questões como a parcialidade, a justiça e a responsabilidade. A colaboração internacional pode ajudar a harmonizar estas normas e promover o desenvolvimento responsável da IA.

Por exemplo, a Recomendação da UNESCO sobre a Ética da Inteligência Artificial fornece um quadro global para a ética da IA, enfatizando os direitos humanos, a diversidade e a sustentabilidade. Os esforços de colaboração para implementar e fazer cumprir essas normas são essenciais para mitigar os riscos associados às tecnologias de IA.

Privacidade e segurança dos dados

A privacidade e a segurança dos dados são preocupações fundamentais nas colaborações internacionais no domínio da IA. A partilha de dados além-fronteiras levanta questões relacionadas com a proteção de dados, o consentimento e a cibersegurança.

Por exemplo, o Regulamento Geral sobre a Proteção de Dados (RGPD) da UE estabelece normas rigorosas de proteção de dados, influenciando as práticas globais de privacidade de dados. Garantir a conformidade com diversos quadros regulamentares e salvaguardar a integridade dos dados são os principais desafios nas colaborações transfronteiriças de IA.

Equilíbrio entre colaboração e concorrência

O equilíbrio entre os benefícios da colaboração e a natureza competitiva do desenvolvimento da IA exige considerações estratégicas. Enquanto a colaboração pode impulsionar o progresso coletivo, a concorrência pode estimular a inovação e os avanços tecnológicos.

Por exemplo, os EUA e a China estão envolvidos em actividades de colaboração e de concorrência, equilibrando iniciativas de investigação partilhadas com a concorrência estratégica pela liderança da IA. A navegação neste equilíbrio requer uma diplomacia cuidadosa e uma coordenação política para maximizar os benefícios de ambas as abordagens.

IA nos países em desenvolvimento

A Inteligência Artificial (IA) tem um potencial significativo para impulsionar o desenvolvimento e enfrentar os desafios nos países em desenvolvimento. Ao tirar partido das tecnologias de IA, estes países podem melhorar os cuidados de saúde, a educação, a agricultura e o crescimento económico, melhorando a qualidade de vida das suas populações.

Oportunidades para a IA nos países em desenvolvimento

A IA oferece inúmeras oportunidades para enfrentar os desafios do desenvolvimento e impulsionar o progresso nos países em desenvolvimento.

Cuidados de saúde

A IA pode transformar a prestação de cuidados de saúde, fornecendo diagnósticos remotos, planos de tratamento personalizados e análises preditivas. Estas tecnologias melhoram o acesso aos serviços de saúde, especialmente nas zonas rurais e nas zonas mal servidas.

Por exemplo, as plataformas de telemedicina baseadas em IA permitem consultas, diagnósticos e tratamentos à distância, colmatando as lacunas no acesso aos cuidados de saúde. Ferramentas de diagnóstico baseadas em IA, como o DeepMind da Google e o IBM Watson, analisam imagens médicas e dados de pacientes para fornecer diagnósticos precisos e atempados.

Educação

A IA melhora a educação ao proporcionar experiências de aprendizagem personalizadas, recursos educativos acessíveis e apoio aos educadores. Estas tecnologias abordam as disparidades no acesso e na qualidade do ensino.

Por exemplo, as plataformas de aprendizagem personalizada baseadas em IA, como o Duolingo e a Khan Academy, adaptam os conteúdos educativos às necessidades e progressos individuais dos alunos, melhorando os resultados da aprendizagem. As ferramentas baseadas em IA também apoiam os educadores, automatizando as tarefas administrativas e fornecendo informações sobre o desempenho dos alunos.

Agricultura

A IA pode revolucionar a agricultura, optimizando as práticas agrícolas, aumentando a produtividade e melhorando a segurança alimentar. Estas tecnologias fornecem aos agricultores informações baseadas em dados e soluções automatizadas.

Por exemplo, as ferramentas de agricultura de precisão alimentadas por IA analisam as condições do solo, os padrões climáticos e a saúde das culturas para otimizar a plantação, a irrigação e a colheita. Drones e sensores equipados com algoritmos de IA monitorizam a saúde das culturas e detectam infestações de pragas, permitindo intervenções atempadas.

Crescimento económico

A IA impulsiona o crescimento económico através da criação de novas indústrias, da melhoria da produtividade e da promoção da inovação. Estas tecnologias apoiam o empreendedorismo, a criação de emprego e a diversificação económica.

Por exemplo, os serviços financeiros baseados em IA, como a banca móvel e as plataformas de microfinanciamento, melhoram a inclusão financeira e apoiam as pequenas e médias empresas (PME). A otimização e a automatização da cadeia de abastecimento impulsionadas pela IA melhoram a eficiência operacional e reduzem os custos em várias indústrias.

Desafios e barreiras

Embora a IA apresente oportunidades significativas, os países em desenvolvimento enfrentam vários desafios e obstáculos à sua adoção e implementação.

Infra-estruturas e conetividade

As infra-estruturas e a conetividade limitadas colocam obstáculos significativos à adoção da IA nos países em desenvolvimento. O acesso a Internet, eletricidade e recursos informáticos fiáveis é essencial para a implantação de tecnologias de IA.

Por exemplo, as zonas rurais dos países em desenvolvimento carecem frequentemente de conetividade estável à Internet e de fornecimento de energia, o que dificulta a implementação de soluções baseadas na IA. Para fazer face a estes desafios infra-estruturais, é necessário investir em infra-estruturas digitais e em iniciativas destinadas a colmatar o fosso digital.

Competências e educação

A escassez de profissionais qualificados e o acesso limitado a um ensino de qualidade impedem o desenvolvimento da IA nos países em desenvolvimento. A criação de talentos e competências locais é crucial para o crescimento sustentável da IA.

Por exemplo, os países em desenvolvimento podem não ter cientistas de dados, investigadores de IA e engenheiros formados para desenvolver e implementar soluções de IA. O investimento em educação, programas de treinamento e iniciativas de capacitação é essencial para nutrir talentos e conhecimentos locais.

Disponibilidade e qualidade dos dados

O acesso a dados de alta qualidade é fundamental para o desenvolvimento da IA, mas os países em desenvolvimento enfrentam frequentemente desafios relacionados com a disponibilidade, a qualidade e a governação dos dados.

Por exemplo, os sistemas de dados fragmentados, a recolha de dados limitada e a fraca qualidade dos dados impedem o desenvolvimento de modelos de IA precisos e fiáveis. O estabelecimento de quadros sólidos de governação de dados e a melhoria das práticas de recolha de dados são fundamentais para ultrapassar estes desafios.

Considerações éticas e regulamentares

As considerações éticas e regulamentares são cruciais para o desenvolvimento e a implantação responsáveis da IA nos países em desenvolvimento. Abordar questões como o preconceito, a justiça e a privacidade dos dados é essencial para garantir uma utilização equitativa e ética da IA.

Por exemplo, os algoritmos de IA treinados com dados tendenciosos ou não representativos podem perpetuar as desigualdades sociais e a discriminação. A implementação de directrizes éticas, quadros regulamentares e mecanismos de supervisão é essencial para promover a equidade e a responsabilidade nas aplicações de IA.

Histórias de sucesso e aplicações inovadoras

Vários países em desenvolvimento estão a tirar partido da IA para enfrentar os desafios locais e impulsionar o desenvolvimento.

Cuidados de saúde no Ruanda

O Ruanda está a utilizar a IA para melhorar o acesso e a qualidade dos cuidados de saúde. As plataformas de telemedicina alimentadas por IA fornecem consultas e diagnósticos à distância, colmatando as lacunas na prestação de cuidados de saúde. As ferramentas de diagnóstico baseadas em IA analisam imagens médicas para detetar doenças como a tuberculose e a malária, permitindo intervenções atempadas.

Por exemplo, a Zipline, um serviço de entrega por drones, utiliza a IA para entregar material médico e sangue em zonas remotas do Ruanda, melhorando o acesso aos cuidados de saúde e reduzindo os tempos de entrega.

Agricultura na Índia

A Índia está a tirar partido da IA para aumentar a produtividade agrícola e a segurança alimentar. As ferramentas de agricultura de precisão alimentadas por IA fornecem aos agricultores informações baseadas em dados sobre as condições do solo, os padrões climáticos e a saúde das culturas, optimizando as práticas agrícolas.

Por exemplo, a startup indiana CropIn utiliza a IA e imagens de satélite para monitorizar a saúde das culturas, prever os rendimentos e fornecer recomendações personalizadas aos agricultores, melhorando a produtividade e a sustentabilidade.

Educação no Quénia

O Quénia está a utilizar a IA para melhorar a educação e colmatar as desigualdades educativas. As plataformas de aprendizagem personalizada orientadas para a IA fornecem conteúdos educativos adaptados aos alunos, melhorando os resultados da aprendizagem e o envolvimento.

Por exemplo, a plataforma eLimu utiliza a IA para proporcionar experiências de aprendizagem interactivas e personalizadas aos alunos do ensino primário no Quénia, melhorando o acesso e a qualidade do ensino.

Inclusão financeira na Nigéria

A Nigéria está a tirar partido da IA para melhorar a inclusão financeira e apoiar o crescimento económico. As plataformas bancárias móveis e de microfinanciamento alimentadas por IA fornecem serviços financeiros a populações carenciadas, promovendo o empreendedorismo e o desenvolvimento económico.

Por exemplo, a startup de fintech Kuda utiliza a IA para fornecer serviços financeiros personalizados, incluindo poupanças, empréstimos e opções de investimento, a indivíduos e PME na Nigéria, melhorando o acesso e a inclusão financeira.

Políticas e normas globais de IA

Como a Inteligência Artificial (IA) continua a avançar e a permear vários aspectos da sociedade, o estabelecimento de políticas e normas globais é crucial para garantir o seu desenvolvimento, implantação e utilização responsáveis.

Importância das políticas e normas globais de IA

As políticas e normas globais de IA desempenham um papel fundamental na abordagem dos desafios éticos, jurídicos e sociais associados às tecnologias de IA. Fornecem directrizes para o desenvolvimento responsável da IA, protegem os direitos individuais e promovem a equidade, a transparência e a responsabilização.

Considerações éticas

As políticas e normas de IA abordam considerações éticas, como o preconceito, a equidade e a transparência, assegurando que as tecnologias de IA não perpetuam as desigualdades sociais ou a discriminação.

Por exemplo, as directrizes éticas sublinham a importância de dados de formação diversificados e representativos, de algoritmos conscientes da equidade e da transparência nos processos de tomada de decisões em matéria de IA. Estes princípios promovem aplicações de IA equitativas e inclusivas que beneficiam todos os membros da sociedade.

Quadros jurídicos e regulamentares

Os quadros jurídicos e regulamentares estabelecem regras e orientações para o desenvolvimento e a implantação da IA, protegendo os direitos individuais e assegurando o cumprimento das leis e dos regulamentos.

Por exemplo, os regulamentos de proteção de dados, como o Regulamento Geral de Proteção de Dados (RGPD) da União Europeia, estabelecem normas para a privacidade e segurança dos dados, garantindo que os dados pessoais são recolhidos, processados e armazenados de forma responsável. Os regulamentos específicos da IA, como a Lei da IA proposta pela UE, fornecem directrizes para aplicações de IA de alto risco, garantindo a segurança e a responsabilidade.

Interoperabilidade e colaboração

As políticas e normas globais de IA promovem a interoperabilidade e a colaboração entre diferentes países e regiões, facilitando o intercâmbio de conhecimentos, recursos e melhores práticas.

Por exemplo, as normas harmonizadas permitem a investigação, o desenvolvimento e a implementação transfronteiriços da IA, promovendo a colaboração e a inovação internacionais. Iniciativas de colaboração, como a Parceria Global sobre Inteligência Artificial (GPAI), reúnem partes interessadas de diferentes países para enfrentar desafios partilhados e promover o desenvolvimento responsável da IA.

Principais políticas e normas globais de IA

Várias políticas e normas fundamentais orientam o desenvolvimento global da IA, abordando aspectos éticos, jurídicos e técnicos das tecnologias de IA.

Princípios de IA da OCDE

Os Princípios de IA da Organização para a Cooperação e Desenvolvimento Económico (OCDE) fornecem um quadro abrangente para o desenvolvimento e utilização responsáveis da IA. Adoptados por mais de 40 países, estes princípios realçam os direitos humanos, a justiça, a transparência, a responsabilidade e a robustez nas aplicações de IA.

Por exemplo, os Princípios de IA da OCDE promovem a utilização de tecnologias de IA que respeitem os direitos humanos e os valores democráticos, garantam a equidade e a não discriminação e proporcionem transparência e explicabilidade nos processos de tomada de decisões em matéria de IA. Salientam também a importância da responsabilização e de medidas de segurança robustas para proteger os indivíduos e a sociedade.

Lei da IA da UE

A Lei da IA proposta pela União Europeia tem como objetivo regulamentar as aplicações de IA com base nos seus níveis de risco, fornecendo orientações para o desenvolvimento e a implantação de tecnologias de IA. A lei categoriza as aplicações de IA em diferentes categorias de risco, estando as aplicações de alto risco sujeitas a requisitos e supervisão mais rigorosos.

Por exemplo, as aplicações de IA de alto risco, como a identificação biométrica e as infra-estruturas críticas, devem cumprir requisitos relacionados com a transparência, a supervisão humana e a gestão de riscos. A lei também cria um Comité Europeu de IA para supervisionar a implementação e garantir o cumprimento dos regulamentos.

Conceção Eticamente Alinhada do IEEE

A iniciativa Ethically Aligned Design do IEEE fornece directrizes para o desenvolvimento ético e a implementação de IA e sistemas autónomos. Estas directrizes realçam princípios como os direitos humanos, o bem-estar, a responsabilidade, a transparência e a sustentabilidade.

Por exemplo, as directrizes de conceção eticamente alinhadas defendem o desenvolvimento de sistemas de IA que dêem prioridade ao bem-estar humano, proporcionem transparência e explicabilidade e garantam a responsabilização nos processos de tomada de decisões em matéria de IA. Promovem também a sustentabilidade e a responsabilidade ambiental no desenvolvimento e implantação da IA.

Recomendação da UNESCO sobre a ética da IA

A Recomendação da UNESCO sobre a Ética da Inteligência Artificial fornece uma estrutura global para o desenvolvimento ético da IA, enfatizando os direitos humanos, a diversidade e a sustentabilidade.

Adoptada pelos Estados membros da UNESCO, esta recomendação promove práticas de IA inclusivas e éticas em todo o mundo.

Por exemplo, a Recomendação da UNESCO sublinha a importância da diversidade e da inclusão no desenvolvimento da IA, defendendo a participação de grupos sub-representados na investigação sobre IA e nos processos de tomada de decisões. Destaca também a necessidade de práticas de IA sustentáveis que minimizem o impacto ambiental e promovam o bem-estar social e económico.

CAPÍTULO 10

O futuro da IA e da sociedade

Jyoti Kataria

Escola de Engenharia e Tecnologia

K. R. Mangalam University, Gurugram, Haryana, Índia

Deepak Singh

Departamento de Engenharia e Tecnologia

ABES(IT), Ghaziabad, Uttar Pradesh, Índia

Introdução

Como a Inteligência Artificial (IA) continua a evoluir a um ritmo sem precedentes, prevê-se que o seu impacto em vários sectores cresça exponencialmente durante a próxima década.

Principais previsões para a IA na próxima década

1. Integração omnipresente da IA

A IA está destinada a tornar-se parte integrante da vida quotidiana, integrando-se perfeitamente em vários dispositivos e aplicações. Desde casas inteligentes a veículos autónomos, as tecnologias impulsionadas pela IA irão melhorar a conveniência, a eficiência e a personalização de formas sem precedentes.

Por exemplo, os assistentes pessoais alimentados por IA evoluirão para compreender e antecipar as necessidades dos utilizadores com maior precisão, fornecendo recomendações personalizadas e soluções proactivas. Esta integração estender-se-á aos dispositivos portáteis, aos aparelhos inteligentes e até às infra-estruturas urbanas, criando um ecossistema conectado em que a automatização baseada na IA será a norma.

2. Expansão da IA nos cuidados de saúde

O sector dos cuidados de saúde assistirá a avanços significativos nas aplicações de IA, revolucionando o diagnóstico, o tratamento e os cuidados aos doentes. Os algoritmos de IA tornar-se-ão mais hábeis na análise de dados médicos, na identificação de padrões e na previsão de resultados de saúde, conduzindo a uma maior precisão e à deteção precoce de doenças.

Por exemplo, as ferramentas de imagiologia baseadas em IA irão melhorar a radiologia, fornecendo análises precisas e rápidas de exames médicos, permitindo o diagnóstico precoce de doenças como o cancro. Além disso, a medicina personalizada baseada na IA irá adaptar os tratamentos a cada paciente com base em factores genéticos, ambientais e de estilo de vida, optimizando a eficácia terapêutica.

3. Inovação induzida pela IA na educação

A IA desempenhará um papel fundamental na transformação da educação, facilitando experiências de aprendizagem personalizadas e automatizando tarefas administrativas. Os sistemas de tutoria inteligentes adaptar-se-ão aos estilos e ritmos de aprendizagem individuais, fornecendo conteúdos educativos e feedback personalizados.

Por exemplo, as plataformas alimentadas por IA, como a Coursera e a Khan Academy, continuarão a evoluir, oferecendo módulos de aprendizagem interactivos e adaptáveis que respondem às diversas necessidades dos alunos. A análise baseada em IA ajudará os educadores a identificar lacunas de aprendizagem e a fornecer intervenções direccionadas, melhorando os resultados educativos globais.

4. Medidas reforçadas de cibersegurança

À medida que as ciberameaças se tornam cada vez mais sofisticadas, a IA será fundamental para reforçar as defesas de cibersegurança. Os algoritmos de IA detectarão anomalias, preverão potenciais violações de segurança e automatizarão as respostas para mitigar os riscos em tempo real.

Por exemplo, os sistemas de segurança baseados em IA monitorizarão continuamente o tráfego de rede, identificando e neutralizando ameaças antes que estas possam causar danos significativos. Os modelos de aprendizagem automática analisarão dados históricos para antecipar ataques futuros, permitindo medidas de segurança proactivas e reduzindo a vulnerabilidade dos sistemas críticos.

5. Desenvolvimento e governação éticos da IA

As considerações éticas em torno do desenvolvimento da IA ganharão proeminência, levando ao estabelecimento de quadros e regulamentos robustos. Garantir a equidade, a transparência e a responsabilidade nos sistemas de IA será fundamental para criar confiança e atenuar os preconceitos.

Por exemplo, as organizações e os governos implementarão directrizes para garantir que os algoritmos de IA são treinados em conjuntos de dados diversificados e representativos, minimizando os resultados discriminatórios. Os conselhos de revisão ética supervisionarão a investigação e a implementação da IA, garantindo o cumprimento das normas éticas e salvaguardando o interesse público.

Tendências emergentes na tecnologia de IA

1. IA explicável (XAI)

A procura de transparência e interpretabilidade nos sistemas de IA irá impulsionar o desenvolvimento de tecnologias de IA explicável (XAI). O objetivo da XAI é tornar os processos de tomada de decisão da IA compreensíveis para os seres humanos, aumentando a confiança e facilitando a implantação ética da IA.

Por exemplo, as técnicas de XAI permitirão aos sistemas de IA fornecer explicações claras para as suas decisões, permitindo aos utilizadores compreender o raciocínio subjacente às recomendações ou previsões. Esta transparência será crucial em sectores críticos como os cuidados de saúde e as finanças, onde a responsabilidade e a confiança são fundamentais.

2. IA e computação periférica

A convergência da IA e da computação de ponta revolucionará o processamento de dados, permitindo a análise em tempo real na ponta das redes. Esta abordagem reduz a latência, melhora a privacidade e optimiza a utilização da largura de banda, tornando-a ideal para aplicações que requerem conhecimentos imediatos.

Por exemplo, os veículos autónomos utilizarão a IA de ponta para processar dados de sensores e câmaras em tempo real, permitindo uma tomada de decisões rápida e aumentando a segurança. Do mesmo modo, as cidades inteligentes utilizarão a IA de ponta para gerir infra-estruturas, monitorizar o tráfego e otimizar a utilização de energia, criando ambientes urbanos mais eficientes e reactivos.

3. Criatividade impulsionada pela IA

A IA continuará a alargar os limites da criatividade, contribuindo para domínios como a arte, a música e a literatura. Os modelos de IA generativa, como o GPT e o DALL-E, tornar-se-ão mais sofisticados, produzindo resultados criativos que rivalizam com o engenho humano.

Por exemplo, a arte e a música geradas por IA ganharão aceitação e apreço, com os algoritmos de IA a colaborarem com artistas humanos para criar obras novas e atraentes. As ferramentas de criação de conteúdos baseadas em IA ajudarão os escritores, cineastas e designers, simplificando o processo criativo e aumentando a produtividade.

4. IA para a sustentabilidade

A IA desempenhará um papel crucial na resposta aos desafios ambientais e na promoção da sustentabilidade. As soluções baseadas na IA optimizarão a utilização dos recursos, reduzirão os resíduos e aumentarão a eficiência dos sistemas de energias renováveis.

Por exemplo, os algoritmos de IA optimizarão as operações da cadeia de abastecimento, minimizando os resíduos e reduzindo a pegada de carbono. A análise preditiva com base em IA melhorará a eficiência das fontes de energia renováveis, como a eólica e a solar, permitindo uma melhor integração na rede energética e reduzindo a dependência dos combustíveis fósseis.

5. Colaboração Homem-IA

O futuro da IA caraterizar-se-á por uma maior colaboração entre humanos e máquinas. A IA aumentará as capacidades humanas, prestando apoio na tomada de decisões, na resolução de problemas e em actividades criativas.

Por exemplo, os sistemas de apoio à decisão orientados para a IA ajudarão os profissionais de vários domínios, desde os cuidados de saúde às finanças, analisando dados complexos e oferecendo informações accionáveis. Nas indústrias criativas, as ferramentas de IA irão colaborar com artistas e designers, gerando novas ideias e melhorando o processo criativo.

Potenciais descobertas e avanços

O domínio da Inteligência Artificial (IA) está preparado para descobertas e avanços notáveis nos próximos anos. Estas inovações irão revolucionar as indústrias, melhorar as capacidades humanas e enfrentar desafios globais complexos.

Avanços nas tecnologias de IA

1. Inteligência Artificial Geral

Um dos avanços mais esperados no domínio da IA é o desenvolvimento da Inteligência Artificial Geral (IAG), também conhecida como IA forte. Ao contrário da IA estreita, que se destaca em tarefas específicas, a AGI possui a capacidade de compreender, aprender e aplicar conhecimentos numa vasta gama de domínios, imitando as capacidades cognitivas humanas.

Por exemplo, os sistemas AGI seriam capazes de realizar tarefas complexas como o raciocínio, a resolução de problemas e o pensamento criativo, com a capacidade de generalizar conhecimentos de um contexto para outro. A concretização da AGI exigirá avanços nos algoritmos de aprendizagem automática, na capacidade computacional e na compreensão da cognição humana.

2. Computação quântica e IA

A integração da computação quântica com a IA tem potencial para revolucionar este domínio, aumentando exponencialmente o poder computacional e permitindo a resolução de problemas que são atualmente intratáveis para os computadores clássicos. A computação quântica pode melhorar os algoritmos de IA, nomeadamente em áreas como a otimização, a criptografia e as simulações complexas.

Por exemplo, os algoritmos de aprendizagem automática melhorados pelo quantum poderiam acelerar significativamente os processos de formação e inferência, permitindo a análise de vastos conjuntos de dados e o desenvolvimento de modelos de IA mais sofisticados. Esta sinergia entre a computação quântica e a IA é promissora para avanços na investigação científica, na criptografia e na descoberta de medicamentos.

3. Processamento avançado de linguagem natural

O processamento da linguagem natural (PNL) registará avanços significativos, permitindo aos sistemas de IA compreender e gerar linguagem humana com maior precisão e nuance. Estes avanços facilitarão interacções mais naturais e significativas entre humanos e máquinas.

Por exemplo, os agentes de conversação orientados para a IA tornar-se-ão mais aptos a compreender o contexto, o sentimento e a intenção, fornecendo respostas mais exactas e contextualmente relevantes. Modelos avançados de PNL, como o GPT-4 da OpenAI, melhorarão a tradução de línguas, a análise de sentimentos e a geração de conteúdos, transformando a comunicação e a recuperação de informações.

4. IA nos cuidados de saúde e na biotecnologia

A IA irá impulsionar os avanços nos cuidados de saúde e na biotecnologia, revolucionando o diagnóstico, o tratamento e a descoberta de medicamentos. Os algoritmos de IA irão analisar dados médicos com uma precisão sem precedentes, permitindo a deteção precoce de doenças e planos de tratamento personalizados.

Por exemplo, as ferramentas de diagnóstico alimentadas por IA analisarão imagens médicas, dados genéticos e registos de pacientes para identificar padrões e prever resultados de saúde. As plataformas de descoberta de medicamentos baseadas em IA acelerarão o desenvolvimento de novos tratamentos através da simulação de interacções moleculares e da previsão da eficácia de potenciais compostos, reduzindo o tempo e o custo de introdução de novos medicamentos no mercado.

5. Robótica e sistemas autónomos

Os avanços na robótica e nos sistemas autónomos levarão ao desenvolvimento de robôs mais capazes e versáteis, capazes de executar tarefas complexas em vários ambientes. Estes robôs aumentarão a produtividade, a segurança e a comodidade em sectores como a indústria transformadora, os cuidados de saúde e a logística.

Por exemplo, os robôs autónomos equipados com algoritmos avançados de IA navegarão e interagirão com ambientes dinâmicos, realizando tarefas como a automatização de armazéns, a assistência cirúrgica e a resposta a catástrofes. Estes robôs colaborarão com os seres humanos, aumentando as suas capacidades e reduzindo a necessidade de trabalho manual em tarefas perigosas ou repetitivas.

Principais áreas de progresso

1. IA explicável e transparente

À medida que os sistemas de IA se tornam mais complexos e integrados em processos de decisão críticos, a necessidade de uma IA explicável e transparente irá aumentar. Os investigadores estão a trabalhar no desenvolvimento de modelos de IA que forneçam explicações claras para as suas decisões, aumentando a confiança e a responsabilidade.

Por exemplo, as técnicas de IA explicável permitirão que os sistemas de IA gerem explicações compreensíveis para o ser humano para as suas previsões e acções, permitindo que os utilizadores compreendam o raciocínio subjacente às decisões baseadas em IA. Esta transparência será crucial em sectores como os cuidados de saúde, financeiro e jurídico, onde as consequências das decisões de IA podem ser significativas.

2. IA ética e atenuação de preconceitos

Abordar as preocupações éticas e atenuar os enviesamentos nos algoritmos de IA será uma área fundamental de avanço. Os investigadores estão a desenvolver técnicas para identificar e eliminar os enviesamentos nos modelos de IA, garantindo a justiça e a equidade nos resultados obtidos com a IA.

Por exemplo, os algoritmos de IA serão treinados em conjuntos de dados diversificados e representativos para reduzir os preconceitos relacionados com a raça, o género e o estatuto socioeconómico. Os quadros éticos de IA orientarão o desenvolvimento e a implantação de sistemas de IA, assegurando que aderem a princípios de equidade, transparência e responsabilidade, e que dão prioridade ao bem-estar de todos os utilizadores.

3. IA e aumento da capacidade humana

Reforçarei as capacidades humanas através do desenvolvimento de interfaces homem-máquina avançadas e de tecnologias de reforço. Estas inovações melhorarão a produtividade, a criatividade e a tomada de decisões em vários domínios.

Por exemplo, as interfaces cérebro-computador (BCI) permitirão a comunicação direta entre o cérebro humano e os sistemas de IA, permitindo aos utilizadores controlar dispositivos e aceder a informações apenas com o pensamento. As tecnologias de realidade aumentada (RA) e de realidade virtual (RV) criarão ambientes imersivos que melhorarão as experiências de aprendizagem, formação e entretenimento.

4. IA sustentável e ecológica

O impacto ambiental do desenvolvimento e da aplicação da IA será um ponto fulcral dos futuros avanços. Os investigadores estão a trabalhar na criação de modelos de IA mais eficientes do ponto de vista energético e na promoção de práticas sustentáveis na investigação e nas aplicações de IA.

Por exemplo, os avanços no hardware de IA, como os chips de IA especializados e a computação neuromórfica, reduzirão o consumo de energia dos sistemas de IA. As práticas sustentáveis de IA darão prioridade à utilização de fontes de energia renováveis e minimizarão a pegada de carbono dos centros de investigação e de dados de IA, contribuindo para a conservação do ambiente.

5. IA para o bem social

A IA desempenhará um papel crucial na resposta aos desafios globais e na promoção do bem social. As soluções baseadas na IA abordarão questões como a pobreza, a desigualdade, as alterações climáticas e a saúde pública, contribuindo para um mundo mais equitativo e sustentável.

Por exemplo, os algoritmos de IA optimizarão a atribuição de recursos e a logística na resposta a catástrofes, melhorando a eficiência e a eficácia da ajuda humanitária. A análise preditiva orientada pela IA melhorará a modelação climática e a monitorização ambiental, fornecendo informações que servirão de base a políticas e acções para atenuar os impactos das alterações climáticas.

O papel da IA na resposta aos desafios globais

A Inteligência Artificial (IA) tem potencial para resolver alguns dos desafios globais mais prementes, desde as alterações climáticas e os cuidados de saúde até à pobreza e à educação.

A IA na atenuação e adaptação às alterações climáticas

1. Monitorização ambiental e análise de dados

A IA desempenha um papel crucial na monitorização ambiental e na análise de dados, fornecendo informações que fundamentam políticas e acções de combate às alterações climáticas. Os algoritmos de IA analisam grandes quantidades de dados ambientais, identificando padrões e prevendo tendências futuras.

Por exemplo, a análise de imagens de satélite baseada em IA monitoriza a desflorestação, o degelo dos glaciares e a subida do nível do mar, fornecendo dados em tempo real aos decisores políticos e às organizações ambientais. Os modelos de aprendizagem automática prevêem padrões climáticos, ajudando os cientistas a compreender os impactos das alterações climáticas e a desenvolver estratégias de mitigação e adaptação.

2. Otimização de Sistemas de Energias Renováveis

A IA optimiza a eficiência dos sistemas de energia renovável, melhorando a sua integração na rede de energia e reduzindo a dependência dos combustíveis fósseis. Os algoritmos de IA analisam dados meteorológicos, padrões de consumo de energia e condições da rede para otimizar a produção e distribuição de energia renovável.

Por exemplo, a análise preditiva com base em IA prevê a produção de energia a partir de painéis solares e turbinas eólicas, permitindo aos operadores da rede equilibrar a oferta e a procura de forma mais eficaz. Os sistemas de controlo baseados em IA gerem o funcionamento das centrais de energias renováveis, maximizando a sua eficiência e minimizando as perdas de energia.

3. Agricultura sustentável e gestão de recursos

As soluções baseadas em IA promovem a agricultura sustentável e a gestão de recursos, melhorando a segurança alimentar e reduzindo o impacto ambiental das práticas agrícolas. Os algoritmos de IA analisam os dados do solo, as condições meteorológicas e a saúde das culturas para otimizar a irrigação, a fertilização e o controlo de pragas.

Por exemplo, os sistemas de agricultura de precisão alimentados por IA fornecem aos agricultores recomendações em tempo real sobre a plantação, a rega e a colheita, melhorando o rendimento das culturas e reduzindo o desperdício de recursos. A gestão da cadeia de abastecimento baseada em IA optimiza a distribuição de produtos agrícolas, minimizando o desperdício alimentar e assegurando um acesso equitativo aos recursos alimentares.

IA nos cuidados de saúde e na saúde pública

1. Deteção e diagnóstico precoce de doenças

A IA melhora a deteção e o diagnóstico precoce de doenças, melhorando os resultados para os doentes e reduzindo os custos dos cuidados de saúde. Os algoritmos de IA analisam imagens médicas, dados genéticos e registos de pacientes para identificar padrões e prever riscos para a saúde.

Por exemplo, as ferramentas de diagnóstico baseadas em IA detectam sinais precoces de doenças como o cancro, doenças cardiovasculares e perturbações neurológicas, permitindo intervenções atempadas. Os modelos de aprendizagem automática analisam registos de saúde electrónicos para prever a probabilidade de surtos de doenças, ajudando as autoridades de saúde pública a tomar medidas preventivas.

2. Medicina e tratamento personalizados

A IA permite a medicina personalizada, adaptando os tratamentos a cada doente com base nos seus factores genéticos, ambientais e de estilo de vida. Os algoritmos de IA analisam os dados dos doentes para identificar as opções de tratamento mais eficazes e prever as respostas dos doentes às terapêuticas.

Por exemplo, as plataformas genómicas baseadas em IA analisam mutações genéticas para recomendar terapias específicas para doentes com cancro, aumentando a eficácia dos tratamentos e reduzindo os efeitos secundários. A descoberta de medicamentos com base em IA acelera o desenvolvimento de novos medicamentos, prevendo a eficácia e a segurança de potenciais compostos.

3. Saúde pública e vigilância das doenças

A IA melhora a saúde pública e a vigilância de doenças, fornecendo informações em tempo real sobre as tendências de saúde e permitindo respostas rápidas a emergências de saúde. Os algoritmos de IA analisam dados epidemiológicos, publicações nas redes sociais e padrões de mobilidade para rastrear surtos de doenças e prever a sua propagação.

Por exemplo, os sistemas de vigilância de doenças baseados em IA monitorizam a propagação de doenças infecciosas como a COVID-19, fornecendo alertas precoces e informando as intervenções de saúde pública. Os modelos de aprendizagem automática analisam os dados de saúde para identificar ameaças emergentes à saúde e afetar recursos às áreas com maiores necessidades.

IA na educação e equidade social

1. Acesso a um ensino de qualidade

As soluções baseadas em IA expandem o acesso a uma educação de qualidade, proporcionando experiências de aprendizagem personalizadas e colmatando as lacunas educativas. Os sistemas de tutoria inteligentes adaptam-se aos estilos e ritmos de aprendizagem individuais, oferecendo conteúdos educativos e feedback personalizados.

Por exemplo, plataformas alimentadas por IA como a Khan Academy e a Coursera fornecem módulos de aprendizagem interactivos e adaptáveis, tornando a educação acessível a estudantes de todo o mundo. As ferramentas de tradução linguística baseadas em IA permitem que os alunos acedam a recursos educativos nas suas línguas maternas, promovendo a inclusão e a equidade.

2. Abordar as desigualdades sociais

A IA aborda as desigualdades sociais identificando e atenuando os enviesamentos nos processos de tomada de decisão. Os algoritmos de IA analisam os dados para identificar disparidades em áreas como a habitação, o emprego e os cuidados de saúde, informando as políticas e intervenções que promovem a equidade social.

Por exemplo, a análise baseada em IA identifica práticas discriminatórias na contratação, ajudando as organizações a implementar processos de recrutamento justos e inclusivos. Os modelos de aprendizagem automática analisam dados sociais e económicos para recomendar políticas que combatam a desigualdade de rendimentos, melhorem o acesso aos cuidados de saúde e aumentem a mobilidade social.

3. Melhoria dos serviços públicos

A IA aumenta a eficiência e a eficácia dos serviços públicos, melhorando o acesso a recursos e apoios essenciais. As soluções baseadas em IA optimizam a prestação de serviços como os cuidados de saúde, a educação e o bem-estar social, garantindo que os recursos são atribuídos de forma equitativa.

Por exemplo, os chatbots e os assistentes virtuais alimentados por IA fornecem informações e apoio aos cidadãos, simplificando o acesso aos serviços públicos. Os modelos de aprendizagem automática analisam os dados para identificar áreas com grandes necessidades, permitindo aos governos direcionar as intervenções e atribuir recursos de forma mais eficaz.

Preparar-se para um futuro com IA avançada

À medida que a Inteligência Artificial (IA) continua a avançar, a preparação para as suas implicações futuras é crucial para os indivíduos, as organizações e as sociedades.

Educação e desenvolvimento de competências

1. Literacia e educação em IA

O reforço da literacia e da educação em matéria de IA é essencial para preparar as pessoas para um futuro com IA avançada. As instituições de ensino devem integrar disciplinas relacionadas com a IA nos seus currículos, assegurando que os estudantes adquirem os conhecimentos e as competências necessárias para prosperar num mundo orientado para a IA.

Por exemplo, as escolas e universidades podem oferecer cursos de aprendizagem automática, ciência de dados e robótica, proporcionando aos estudantes uma base sólida em tecnologias de IA. Plataformas em linha como a Coursera e a edX oferecem cursos de IA acessíveis, permitindo a aprendizagem ao longo da vida e oportunidades de atualização de competências para indivíduos de todas as origens.

2. Aprendizagem interdisciplinar

A aprendizagem interdisciplinar é crucial para compreender o impacto multifacetado da IA na sociedade. A combinação de conhecimentos técnicos com conhecimentos de domínios como a ética, a sociologia e o direito dotará os indivíduos de uma compreensão holística da IA e das suas implicações.

Por exemplo, os programas interdisciplinares que integram a IA com as ciências humanas e sociais ajudarão os estudantes a compreender as dimensões éticas, sociais e jurídicas das tecnologias de IA. Esta abordagem promove o pensamento crítico e a capacidade de resolução de problemas, preparando os indivíduos para enfrentar os desafios complexos associados à IA.

3. Aprendizagem ao longo da vida e atualização de competências

À medida que as tecnologias de IA evoluem, a aprendizagem contínua e a atualização de competências serão essenciais para que os indivíduos se mantenham relevantes na força de trabalho. As organizações e os governos devem investir em programas de formação que ajudem os trabalhadores a adaptarem-se às mudanças no panorama profissional.

Por exemplo, as empresas podem oferecer programas de requalificação que se centrem em competências relacionadas com a IA, como a análise de dados, a programação e a ética da IA. As iniciativas governamentais podem fornecer subsídios e incentivos para que os indivíduos prossigam a educação e a formação em IA, garantindo que a força de trabalho permaneça competitiva e adaptável.

Considerações éticas e desenvolvimento responsável da IA

1. Promover práticas éticas de IA

A promoção de práticas éticas de IA é crucial para garantir que as tecnologias de IA são desenvolvidas e implementadas de forma responsável. As organizações e os investigadores devem aderir a directrizes éticas que dão prioridade à justiça, à transparência e à responsabilidade nos sistemas de IA.

Por exemplo, os quadros éticos de IA podem orientar o desenvolvimento de algoritmos que evitem enviesamentos e garantam resultados equitativos. As organizações podem estabelecer conselhos de revisão ética para supervisionar projectos de IA, garantindo o cumprimento de normas éticas e abordando potenciais riscos e danos.

2. Abordagem dos preconceitos e da equidade

Abordar os preconceitos e a equidade nos algoritmos de IA é essencial para criar confiança e garantir que a IA beneficie todos os indivíduos e comunidades. Os investigadores e os programadores devem aplicar técnicas para identificar e atenuar os enviesamentos nos sistemas de IA.

Por exemplo, o treino de modelos de IA em conjuntos de dados diversificados e representativos pode reduzir os enviesamentos relacionados com a raça, o género e o estatuto socioeconómico. Auditorias e avaliações regulares dos sistemas de IA podem identificar e abordar quaisquer disparidades nos resultados, garantindo que as tecnologias de IA promovam a justiça e a equidade.

3. Garantir a transparência e a responsabilização

Garantir a transparência e a responsabilidade nos sistemas de IA é crucial para promover a confiança e permitir uma supervisão eficaz. Os criadores de IA devem fornecer explicações claras sobre as decisões e acções conduzidas pela IA, permitindo aos utilizadores compreender e contestar os resultados.

Por exemplo, as técnicas de IA explicáveis podem gerar explicações compreensíveis para as previsões e recomendações da IA. As organizações podem implementar práticas de transparência, tais como algoritmos de IA de fonte aberta e documentação dos processos de desenvolvimento, para promover a responsabilização e a confiança.

Quadros políticos e regulamentos

1. Desenvolver políticas de IA robustas

O desenvolvimento de políticas e regulamentos sólidos de IA é essencial para orientar o desenvolvimento e a implantação responsáveis das tecnologias de IA. Os governos devem colaborar com as partes interessadas para criar políticas que abordem considerações éticas, sociais e económicas.

Por exemplo, as políticas de IA podem estabelecer normas de privacidade e proteção de dados, garantindo que os dados dos indivíduos são utilizados de forma responsável e ética. Os quadros regulamentares podem orientar o desenvolvimento e a implantação de sistemas de IA, promovendo a segurança, a equidade e a responsabilidade.

2. Promover a colaboração internacional

Fomentar a colaboração internacional é crucial para abordar as implicações globais da IA e promover normas partilhadas e melhores práticas. Os governos, as organizações e os investigadores devem trabalhar em conjunto para enfrentar os desafios comuns e tirar partido da IA para obter benefícios globais.

Por exemplo, organizações internacionais como as Nações Unidas e o Fórum Económico Mundial podem facilitar colaborações sobre ética, governação e desenvolvimento de políticas de IA. As iniciativas de investigação transfronteiriças podem promover a partilha de conhecimentos e recursos, acelerando os avanços da IA e abordando os desafios globais.

3. Promover o envolvimento e a consciencialização do público

Promover o envolvimento e a consciencialização do público é essencial para garantir que o desenvolvimento da IA se alinha com os valores e prioridades da sociedade. Os governos e as organizações devem envolver-se com as comunidades para compreender as suas preocupações e aspirações relacionadas com a IA.

Por exemplo, as consultas públicas e os fóruns podem constituir plataformas para os indivíduos exprimirem as suas opiniões sobre questões relacionadas com a IA. As campanhas educativas podem aumentar a consciencialização sobre os benefícios e os riscos da IA, capacitando as pessoas para tomarem decisões informadas e participarem em debates sobre o futuro da IA.

BIBLIOGRAFIA

1. Makridakis, S. (2017). A próxima revolução da Inteligência Artificial (IA): O seu impacto na sociedade e nas empresas. Futures, 90, 46-60.

2. Cath, C., Wachter, S., Mittelstadt, B., Taddeo, M., & Floridi, L. (2018). A inteligência artificial e a "boa sociedade": a abordagem dos EUA, da UE e do Reino Unido. Ética em ciência e engenharia, 24, 505-528.

3. Popkova, E. G., & Gulzat, K. (2020). Revolução tecnológica no século 21: sociedade digital vs. inteligência artificial. Em O século XXI a partir das posições da ciência moderna: Aspectos intelectuais, digitais e inovadores (pp. 339-345). Springer International Publishing.

4. Holmes, J., Sacchi, L., & Bellazzi, R. (2004). Inteligência artificial em medicina. Ann R Coll Surg Engl, 86, 334-8.

5. Foresti, R., Rossi, S., Magnani, M., Bianco, C. G. L., & Delmonte, N. (2020). Sociedade inteligente e inteligência artificial: programação de big data e o método padrão global aplicado à manutenção inteligente. Engenharia, 6(7), 835-846.

6. Coccia, M. (2020). Tecnologia de aprendizagem profunda para melhorar os cuidados oncológicos na sociedade: Novas direcções na imagiologia do cancro impulsionadas pela inteligência artificial. Tecnologia na Sociedade, 60, 101198.

7. Cath, C. (2018). Governar a inteligência artificial: oportunidades e desafios éticos, jurídicos e técnicos. Transacções Filosóficas da Sociedade Real A: Ciências Matemáticas, Físicas e de Engenharia, 376(2133), 20180080.

8. Owsley, C. S., & Greenwood, K. (2024). Consciência e perceção da integração operacionalizada da inteligência artificial na indústria e

na sociedade dos media noticiosos. AI & SOCIETY, 39(1), 417-431.

9. Sociedade Europeia de Radiologia (ESR) communications@ myesr. org Codari Marina Melazzini Luca Morozov Sergey P. van Kuijk Cornelis C. Sconfienza Luca M. Sardanelli Francesco. (2019). Impacto da inteligência artificial na radiologia: um inquérito EuroAIM entre os membros da Sociedade Europeia de Radiologia. Insights sobre imagiologia, 10(1), 105.

10. Taeihagh, A. (2021). Governação da inteligência artificial. Política e sociedade, 40(2), 137-157.

11. Deguchi, A., Hirai, C., Matsuoka, H., Nakano, T., Oshima, K., Tai, M., & Tani, S. (2020). O que é a sociedade 5.0. Sociedade, 5(0), 1-24.

12. Bostrom, N., & Yudkowsky, E. (2018). A ética da inteligência artificial. Em Artificial intelligence safety and security (pp. 57-69). Chapman and Hall/CRC.

Printed by Books on Demand GmbH, Norderstedt / Germany